W0467635

Erich Bohne

Kohle, Ruß und heißes Öl

Dampflokomotiven in Berlin 1970 – 1989

trans press

Erich Bohne

Kohle, Ruß und heißes Öl

Dampflokomotiven in Berlin 1970 – 1989

transpress

Einbandgestaltung: Katja Draenert

Titelbild: Erich Bohne
Zu den ständigen Gästen in Berlin gehörten die Schnellzug-Dampflokomotiven der Baureihe 03^{10} des Bw Stralsund. In Berlin Ostbahnhof sammelte die 03 0080 mit ihrem Schnellzug Kräfte für die bevorstehende Fahrt an die Ostsee.

Rücktitel: Heinz-Jürgen Goldhorn
Vom Dach eines Parkhauses an der Kantstraße konnte man sehr schön auf die Ausfahrt des Bahnhofs Zoologischer Garten schauen. Fauchend verließ die Wittenberger 01 0525 mit ihrem D 116 im Juli 1975 den Bahnhof Zoo. Heute kann sind solche Motive nicht mehr möglich, da das Parkhaus einem riesengroßen Glashaus der Viktoria-Versicherung weichen musste.

Eine Haftung des Autors oder des Verlages und einer seiner Beauftragten für Personen-, Sach- und Vermögensschäden ist ausgeschlossen.

ISBN: 3-613-71175-3

© 2001 by transpress Verlag, Postfach 10 37 43, 70032 Stuttgart.
Ein Unternehmen der Paul Pietsch Verlage GmbH & Co.

1. Auflage 2001

Der Nachdruck, auch einzelner Teile, ist verboten. Das Urheberrecht und sämtliche weiteren Rechte sind dem Verlag vorbehalten. Übersetzung, Speicherung, Vervielfältigung und Verbreitung einschließlich Übernahme auf elektronische Datenträger wie CD-ROM, Bildplatte usw. sowie Einspeicherung in elektronische Medien wie Bildschirmtext, Internet usw. sind ohne vorherige schriftliche Genehmigung des Verlages unzulässig und strafbar.

Lektorat: Dirk Endisch
Innengestaltung: Wolfgang Vogel
Druck: TC Druck, Tübingen
Bindung: E. Riethmüller, 70176 Stuttgart
Printed in Germany

Inhalt

Vorwort 6

Wie kommt man zu diesem Hobby? 8

Transitzüge
Dampflokomotiven in Westberlin 12

Kreisverkehr
Dampflokomotiven auf dem Berliner Außenring 44

Auf dem Weg ins Zentrum
Dampflokomotiven auf der Berliner Stadtbahn 66

Willkommen und Abschied
Dampflokomotiven vor Schnellzügen 88

»Betriebsgelände! Zutritt verboten«
Berliner Bahnbetriebswerke und ihre Lokomotiven 108

Lastenschlepper
Dampflokomotiven vor Güterzügen und im Rangierdienst 120

»JWD«
Dampflokomotiven im Berliner Umland 152

65 1034-1

Vorwort

Dampflokomotiven in Berlin - das ist heute längst Geschichte, abgesehen von den Sonderfahrten die immer wieder Station an der Spree machen. In den Siebzigerjahren hatte die geteilte Stadt Eisenbahnfreunden sehr viel zu bieten. Die langen und schweren Schnellzüge mit den bestens gepflegten Altbau- und Reko-01ern, der ölgefeuerten Baureihe 03^{10} oder Zweizylinder-03ern waren alltäglich. Auch vor den zahllosen Güterzügen dampfte und rußte es einst. Neben den allgegenwärtigen 52ern kamen auch ölgefeuerte 50er und 44er nach Berlin. In den Achtzigerjahren blieben von dieser Vielfalt nur die Altbau- und Reko-52er übrig. Mit dem vorliegenden Bildband soll noch einmal an die Zeit erinnert werden, als die Luft auf den Berliner Bahnhöfen nach Dampfeisenbahn roch, also nach Kohle, Ruß und heißem Öl.

Doch die Dampflok-Fotografie war mehr als nur ein Hobby. Am Schienenstrang entstanden auch feste Freundschaften über Grenzen hinweg. Dazu gehören meine drei Freunde aus dem damaligen West-Berlin, ohne die dieses Buch überhaupt nicht denkbar gewesen wäre. Heinz-Jürgen Goldhorn, Heinz Krautzschick und Thomas Rieger - diese Namen werden Ihnen, verehrter Leser, nun im Verlaufe dieses Buches immer wieder begegnen. Ich möchte Heinz-Jürgen Goldhorn, Heinz Krautzschick und Thomas Rieger ganz besonders für ihre Unterstützung bei diesem Buch danken. Ohne ihre Fotos und die zugehörigen Erläuterungen wäre das Kapitel über die Dampflokomotiven im Westteil der geteilten Stadt völlig leer geblieben. Aus bekannten Gründen war bis zum November 1989 an ein Treffen im damaligen West-Berlin nicht zu denken. Auch bei der Gestaltung des Manuskripts konnte ich mich auf ihre Hilfe jederzeit verlassen. Es hat uns allen viel Spaß bereitet, dieses Material zusammenzustellen.

Danken möchte ich selbstverständlich auch den vielen bekannten und unbekannten Reichsbahnern, die uns oftmals bei unserem ungewöhnlichen Tun halfen. Ein ganz besonderer Dank geht an meine Frau Roswitha, deren Geduld ich damals so manches mal überstrapazierte, wenn ich am Wochenende wieder »Flügel-Räder« bekam und den letzten Dampflokomotiven nachstellte.

Berlin, im September 2001
Erich Bohne

Ein Vorortzug von Wriezen nach Berlin-Lichtenberg fährt in Marzahn ein. Damals, im Juni 1974, war hier noch alles Feld und Flur, heute ist diese Gegend mit Hochhäusern dicht besiedelt. Auch die 65 1034 ist längst Geschichte.

Aufnahme: Heinz-Jürgen Goldhorn

Wie kommt man zu diesem Hobby?

Als ich in den Siebzigerjahren – die große Zeit der Dampflokomotiven war eigentlich schon vorbei – zusammen mit vielen Gleichgesinnten versuchte, in allen möglichen und unmöglichen Gegenden der DDR noch ein wenig von dieser ausklingenden Epoche der Deutschen Reichsbahn fotografisch festzuhalten, da dachte ich nicht einmal im Traum daran, dass diese Bilder außer mir und meinen Freunden jemals andere Zeitgenossen interessieren könnten. Uns trieb einzig und allein die Sammelleidenschaft und das unbeschreibliche Gefühl voran, wieder einmal eine Dampflok, die wir bis zu diesem Zeitpunkt noch nicht vor die Linse bekommen hatten, auf einen Film bannen zu können. Es gab nur wenige Orientierungspunkte in diesem nicht ganz alltäglichen Hobby. Anregungen, die einem ein wenig den Weg zeigen konnten, holte man sich im Wesentlichen aus der Zeitschrift »Der Modelleisenbahner«, der einzigen Fachzeitschrift in der DDR, die zugleich offizielles Organ des Deutschen Modelleisenbahn-Verbandes (DMV) war.
Bücher zum Thema Eisenbahn, besonders Bildbände, waren rar, und hin und wieder sickerten solche Schätze aus der Bundesrepublik ein, die von uns gierig aufgesogen wurden. Ein Klassiker, der vom damaligen transpress-Verlag herausgegebene Schwarz-Weiß-Bildband »Schiene, Dampf und Kamera« von Hans Müller war unser großes Vorbild.
Vielen von uns Eisenbahnfans ging es darum, von jeder noch im Betriebsdienst stehenden Dampflokomotive ein Foto zu besitzen. Andere Hobbyfreunde wiederum hatten besonderen Spaß daran, die gleichen Maschinen möglichst schön in Szene zu setzen. Das konnten Motive an interessanten Stellen entlang der Eisenbahnstrecken, Kombinationen mit Kunstbauten wie Brücken oder Tunnelausfahrten, und selbstverständlich Bahnhofsaufnahmen sein. Einen besonderen, oder besser gesagt, einen magischen Reiz übten auf uns die Bahnbetriebswerke aus, in denen noch Dampfloks beheimatet waren.
Egal ob Nummern- oder Motivfotograf, eines verband uns alle – wir waren der Faszination der urwüchsigen Maschinen erlegen. Garten, Fußball, überhaupt jede Art von Sport, Angeln oder auch Briefmarkensammeln waren allseits akzeptierte Freizeitbeschäftigungen. Aber Zügen, die rauchten und rußten, hinterher zu jagen und zu fotografieren? Was war das? Spinnerei, Ersatzhandlung, Einsiedlerbeschäftigung, oder gar staatsfeindliches Sammeln von Informationen über Transportwege und -technologien? Diese Frage stand bei Gesprächen oft unterschwellig im Raum. Die Freude an der Dampfmaschine, die im 19. Jahrhundert eine ganze Gesellschaftsordnung revolutioniert hatte, die die Industrialisierung erst ermöglichte und deren Ära nun unwiederbringlich dem Ende entgegen ging, das war Unbeteiligten nur schwer zu vermitteln.
Welche verschlungenen Wege führten aber nun zu solch einem von Familienmitgliedern, Freunden, Bekannten oder Kollegen manchmal mild belächelten oder auch als Blödsinn oder Zeitverschwendung bezeichneten Hobby?
Allein die Tatsache, von den ersten Lebenstagen an ganz in der Nähe des Bahnhofs Rathenow an der Strecke Stendal – Berlin aufgewachsen zu sein, reicht mit Sicherheit nicht aus. Es war eher mein Vater, der den Keim für die stetige Affinität zur Eisenbahn, die mich mein ganzes bisheriges Leben, manchmal mehr und manchmal weniger, begleitet hat, legte. Er sorgte mit meiner Schwester dafür, dass ich in früher Kindheit, ich ging gerade in die erste oder zweite Klasse, meine erste elektrische Eisenbahn bekam. Eine Weihnachtsüberraschung um 1956.
An die abendlichen Spaziergänge zum Bahnhof und zur Verladerampe in Rathenow, von der man das geschäftige Treiben hervorragend beobachten konnte, und an die Sonntagsausflüge, die fast immer irgendwo Berührung mit der Eisenbahn hatten, kann ich mich genauso deutlich erinnern. Auch die Wochenendreisen zu unseren Verwandten in die Altmark in einem Personenzug nach Oebisfelde, der aus preußischen Abteilwagen und einer preußischen P 8, der Baureihe 38^{10-40}, bestand, sind mir noch sehr gut in Erinnerung. Oft hatten diese Züge einen langen Aufenthalt in Stendal, und es gab so viel Neues auf dem Bahnhof zu entdecken. Hier fuhren sogar richtige D-Züge. Und außerdem gab es auch meistens eine Bockwurst für uns Kinder.
Ebenso ist die abendliche, sonntägliche Rückfahrt aus Gardelegen fest in meinem Gedächtnis verankert. Der Zug fuhr so gegen 21.30 Uhr ab, um diese Zeit war es meist schon dunkel. Auf der langen Geraden, die die Strecke aus Richtung Oebisfelde bildet, waren die Spitzenlichter der Maschine schon weit vorher zu sehen, aber es dauerte ewig, bis der Zug in Gardelegen war. Natürlich wieder eine P 8 mit

Abteilwagen und wieder der Aufenthalt in Stendal, der auch zum Lokwechsel diente. Doch das durchschaute ich in dem Alter noch nicht.
Als wir dann größer wurden, zog es uns Kinder oft, jetzt allein, zur Ladestraße, zum Güterschuppen und immer wieder auf die große Fußgängerbrücke zum Bahnsteig der ehemaligen Brandenburgischen Städtebahn, die lange Zeit das Gesicht des Bahnhofs Rathenow prägte. An einem schönen Sommernachmittag, mein Freund hatte mich versetzt, beobachtete ich von hier wieder einmal das Geschehen auf den Gleisen unter mir. Bis auf einmal die beiden nur wenige Jahre älteren Brüder aus dem Nachbarhaus auftauchten. Sie hatten vor, ihr Taschengeld in Fahrkarten für eine Fahrt nach Rathenow Nord anzulegen. Donnerwetter, das war was! Aber in meiner Hosentasche klimperte nichts, nicht mal die notwendigen 20 Pfennige. Mehr kosteten die paar Kilometer damals nicht. Ich wollte schon nach Hause gehen, als einer von ihnen zurückkam, mich nachholte und mir eine Fahrkarte kaufte. Meine erste Bahnfahrt ohne Eltern! Natürlich mussten wir nun zu Fuß zurück nach Hause in die Bahnhofstraße. Nochmals Karten lösen, dafür reichte das Geld nicht.
Das war auch die Zeit, zu der ich in den Sommerferien meinem Vater das von meiner Mutter liebevoll gekochte Mittagessen in die Firma brachte, in der er arbeitete. Das kam mir gelegen, denn da gab es wieder was zu sehen. Der Betrieb lag nämlich am Rathenower Südbahnhof. Und auf dem Rückweg konnte man einen Schlenker über den Viertellandsweg nehmen und schon war man wieder auf der Eisenbahnbrücke. Wenn nun noch eine Dampflok an den

Die Kleingärtner am Bahnhof Schöneweide waren nicht begeistert, als sie am 8. Mai 1979 in ihrer Ruhe durch Eisenbahnfotografen gestört wurden. Um an diese Stellen zu kommen, mußte man Wege der eigentlich nicht öffentlichen Eisenbahner-Kleingartenanlage benutzen. Aber der Ärger hatte sich gelohnt, denn an diesem Tag kam der P 3518 sogar mit einer Doppelstockeinheit, und das war ganz selten.
Aufnahme: Erich Bohne

Wasserkran auf der Städtebahn fuhr, dann stand man genau darüber und konnte einen wunderbaren Blick in die Esse werfen.
Einige Jahre später brachte mich die Eisenbahn dann Tag ein Tag aus zuverlässig zu meiner Lehrausbildung nach Premnitz ins dortige Chemiefaserwerk – auch im Schneewinter 1967. Im morgendlichen Doppelstockzug, selbstverständlich immer mit einer Brandenburger 52 bespannt, hatten wir künftigen Meß- und Regelungsmechaniker, die wir uns schon aus der Schulzeit kannten, im Oberdeck des dritten Wagens unseren Stammplatz. Beim Kartenspielen, Erzählen oder Radiohören verging die knapp halbstündige Fahrzeit fast wie im Flug. Oftmals trafen wir uns dann am Abend noch im Jugendclub. Hier wurde an der Modelleisenbahnanlage des Kreiskulturhauses Rathenow gebastelt, denn die zu Hause hatte längst aus Platzgründen weichen müssen.

Zu der Zeit, als die Deutsche Reichsbahn 1970 damit anfing, ihr Nummernschema auf die neuen EDV-gerechten Bezeichnungen umzustellen, begann ich mein Studium der Nachrichtentechnik in Berlin. Unsere Ingenieurschule lag am Ostkreuz und bot von entsprechend gelegenen Seminarräumen einen hervorragenden Blick auf die Bahnanlagen des gleichnamigen Bahnhofs. Andauernd bewegte sich auf den Schienen etwas, es war manchmal interessanter aus dem Fenster zu sehen, als dem Unterrichtsgeschehen zu folgen.
Was zu dieser Zeit an Zügen und Lokomotiven den Bahnhof Ostkreuz passierte, würde heute jeden Dampflokfreund entzücken. Atbau- und Reko-01er, die Baureihen 03, 03^{10}, 50^{30}, 50^{40}, 23^{10}, 38^{10-40} und 65^{10}, sie alle dampften hier vorbei. 52er in allen Spielarten und die Öl-50er waren alltäglich. Wenn man Glück hatte, tauchte auch eine 62er auf. In Ber-

Der Berliner Außenring bei Berlin-Schönefeld besaß am 20. Juni 1978 noch weitgehend seinen Urzustand. Davon unbeeindruckt verließ die 03 2176 mit dem D 815 gerade den Bereich des Bahnhofs Zentralflughafen Berlin-Schönefeld.
Aufnahme: Erich Bohne

lin-Lichtenberg rangierten sogar noch 64er. Und auch das war interessant: Der Schnellzug »Neptun« Kopenhagen – Berlin – Kopenhagen kam als Triebwagen der Dänischen Staatsbahn über die Ostsee.
Wie wahrscheinlich alle Eisenbahnfreunde, hat man sich nun, da es lange zu spät ist, schon so oft gesagt: Hättest du doch bloß damals schon angefangen zu fotografieren. Nur macht man es sich wohl mit dieser Betrachtung zu leicht, denn die viel zitierte Verfügung des Ministeriums für Verkehrswesen, die das Fotografieren auf dem Gelände der Deutschen Reichsbahn, das der Öffentlichkeit zugänglich war, erleichterte, war noch lange nicht beschlossen. Die Rechtsunsicherheit bei solcher Freizeitbeschäftigung wäre viel zu groß gewesen, und Fotogenehmigungen erhielten nur ganz wenige Leute. Welcher Student hatte außerdem die Mittel für eine richtige Spiegelreflexkamera? Die sollte es für diese Zwecke schon sein!
Dieses Geld stand erst später zur Verfügung, als ich meine Tätigkeit in einem Berliner Betrieb der Elektonik-Industrie als Entwicklungsingenieur aufgenommen hatte. Und auch hier traf ich wieder auf Eisenbahnfreunde – diesmal auf Modelleisenbahner. Man hatte sofort eine gemeinsame Gesprächsebene und es dauerte gar nicht lange, da nahm ich eine Herausforderung zu einem internen »Modellbauwettbewerb« an. Wer baut am schnellsten ein Dampflokmodell in der Spurweite H0? Aufgrund einer hervorragenden Ausbildung in Sachen Metallbearbeitung in der Premnitzer Berufsschule sollte mich diese Aufgabe vor nicht allzu große Schwierigkeiten stellen. Die entsprechende Bauanleitung fand ich in einer älteren Ausgabe der Zeitschrift »Der Modelleisenbahner«. Um aber das Modell möglichst wirklichkeitsnah zu gestalten, fehlten mir nur noch aussagekräftige Fotos.
Als Vorbild wählte ich die 03 154 aus, die damals im Bw Stendal beheimatet war und regelmäßig vor den Eilzügen von und nach Berlin eingesetzt wurde. Sie fiel immer wieder durch ihren außerordentlich guten Pflegezustand auf, und so sollte diese Maschine bei mir zu Hause als Modell stehen. Von der bewegten und interessanten Geschichte der Lokomotive wusste ich damals noch gar nichts.
Jetzt kaufte ich mir die erste PRAKTICA und damit ging es schließlich an die Strecke – natürlich heimlich. Aus bekannten Gründen, es sollte keiner sehen. Und damit fing alles an...
Irgendwann, das Modell war lange fertig, verselbstständigte sich der Spaß am Dampflok-Fotografieren. Die Streifzüge an die Strecken bereiteten mir immer wieder aufs neue Freude. Auch aus heutiger Sicht möchte ich diese Zeit und die damit verbundenen Erlebnisse um keinen Preis missen. Ich konnte mit Gleichgesinnten Freundschaften schließen, die sich als außerordentlich haltbar erwiesen, noch heute bestehen und inzwischen auch schon lange unsere Familien mit einbeziehen. Bis hin nach Schwerin und sogar über die ehemalige deutsch-deutsche Grenze bis ins westfälische Porta Westfalica reichen diese Verbindungen – dank der Dampflokomotiven.
Erich Bohne

Transitzüge

Dampflokomotiven in West-Berlin

Betrachtet man den Eisenbahnverkehr zwischen West-Berlin und der Bundesrepublik Deutschland zu Beginn der Siebzigerjahre, das heißt etwa zehn Jahre nach dem Bau der Mauer, so kann mit Blick auf den Transitverkehr in der geteilten Stadt rückschauend festgestellt werden, dass dieser auch weiterhin ausschließlich über die Grenzbahnhöfe Griebnitzsee und Drewitz, beide bei Potsdam gelegen, den an Berlin-Spandau grenzenden Übergang Staaken und dem auf Ost-Berliner Gebiet gelegenen Bahnhof Friedrichstraße abgewickelt wurde.

Die Übergänge Drewitz und Staaken dienten ausschließlich dem Güterverkehr, der zu Anfang der Siebzigerjahre bereits in fester Hand der Dieseltraktion lag, nachdem das für den Güterverkehr zuständige und in West-Berlin gelegene Bahnbetriebswerk (Bw) Grunewald der Deutschen Reichsbahn schon 1965 bis 1966 dampffrei geworden war. Bis zu diesem Zeitpunkt oblag den im Bw Grunewald beheimateten Dampflokomotiven der Baureihe 52 der Güterzugdienst innerhalb des Stadtgebiets von West-Berlin und zu den großen Rangierbahnhöfen Seddin und Wustermark, hier nun im grenzüberschreitenden Verkehr. Ab 1965 ersetzte die Reichsbahndirektion (Rbd) Berlin die 52er schrittweise durch die Diesellokomotiven der Baureihe V 180 (ab 1970: 118).

Bis 1976 wurden sämtliche Transitreisezüge in das Bundesgebiet einzig und allein über den Grenzbahnhof Griebnitzsee geleitet. Erst der 26. September 1976 brachte eine Ver-

Unter einer mächtigen Qualmwolke überquert im Juni 1972 die Wittenberger 01 0504 mit dem D 165 aus Richtung Lehrter Bahnhof die Humboldthafenbrücke. Rechts der Brücke liegt das Gebiet von Ost-Berlin, und in wenigen Minuten wird der Zug den Grenzbahnhof Berlin Friedrichstraße erreichen. Die Silhouette der 01 0504 hob sich von der anderer Reko-01er durch die verkürzte Domverkleidung und den Giesl-Ejektor deutlich ab.

Aufnahme: Heinz-Jürgen Goldhorn

änderung: Von diesem Tag an verkehrten die Schnellzüge in Richtung Hamburg über den nun auch für den Reisezugverkehr geöffneten Grenzbahnhof Staaken, in dem bis dahin lediglich Güterzüge kontrolliert worden waren. Die Fahrzeiten zwischen Hamburg und West-Berlin reduzierten sich dadurch merklich.

Auf dem Streckenabschnitt Griebnitzsee – Wannsee – Grunewald – Zoologischer Garten – Lehrter Bahnhof – Friedrichstraße, der bis auf einige hundert Meter Gleis zwischen Griebnitzsee bzw. Berlin Friedrichstraße in Richtung Grenze ausschließlich durch West-Berliner Stadtgebiet führte, konnte man bereits in den Siebzigerjahren mehrere Reisezüge beobachten, die von den im VEB Lokomotivbau »Karl Marx« Potsdam-Babelsberg produzierten Dieselloks der Baureihe V 180 befördert wurden. Einige andere hingegen wurden auch in diesen Jahren noch mit Dampfloks der Baureihen 01, 01^5 und 03 bespannt. In Ausnahmefällen, wenn zum Beispiel Maschinen fehlten oder Sonderzüge eingelegt werden mussten, gaben auch die 1´C1´-Maschinen der Baureihe 35^{10}, die ehemalige 23^{10}, ein kurzes Gastspiel in West-Berlin. Übrigens, die Geburtsstätte der Baureihe 23^{10} war ebenfalls Babelsberg. Die Bespannung der dampfgeführten Transitreisezüge oblag den Bahnbetriebswerken Berlin Ostbahnhof, Wittenberge, Erfurt und Saalfeld. Erst als genügend Großdieselloks der Baureihe 132 aus sowjetischer Produktion zur Verfügung standen, lösten diese nach und nach die stolzen Dampflokomotiven vor den Schnellzügen ab. Der 25. September 1976 brachte schließlich das Ende der Dampftraktion im Transitverkehr. An diesem Tag hatte letzmalig eine ölgefeuerte Dampflok der Baureihe 01^5 des Bw Wittenberge einen D-Zug von West-Berlin nach Hamburg am Haken.

Das war eine Sensation für die Berliner Eisenbahnfreunde: Eine Neubau-Dampflok der Baureihe 35 (bis 1970: 23^{10}) fuhr mit einem Hamburger Schnellzug durch West-Berlin, hier im Juli 1971 in Berlin Tiergarten. Die 35er kamen eigentlich nur dann zum Einsatz, wenn im Bw Wittenberge wieder einmal akuter Mangel an betriebsfähigen Reko-01ern herrschte. Die 35 1032 war zu diesem Zeitpunkt im Bw Neubrandenburg zu Hause. Aufnahme: Heinz-Jürgen Goldhorn

Die 01 2050 des Bw Magdeburg eilt im Juni 1971 mit ihrem D 110 durch den Düppeler Forst in Kohlhasenbrück. Sie wird in Kürze den Grenzbahnhof Griebnitzsee bei Potsdam erreichen. Hier stiegen dann die Angehörigen der Passkontrolleinheit (PKE) und des Zolls ein.
Aufnahme: Heinz-Jürgen Goldhorn

Ausnahmen bildeten danach noch für einige Monate die Autoreisezüge zwischen München und Berlin, die ab Probstzella das Bw Saalfeld mit seinen bestens gepflegten Reko-01ern bespannte. In den Jahren zwischen 1974 und 1977 kamen die Stralsunder Schnellzugmaschinen der Baureihe 03^{10} vor Zügen zwischen Berlin Zoologischer Garten und Saßnitz zum Einsatz. Von Saßnitz aus ging es mit der Fähre weiter nach Trelleborg in Schweden.
Interessant war auch die Zusammensetzung der Reisezuggarnituren, die im Transitverkehr zum Einsatz gelangten. So bestanden manche Züge ausschließlich aus Reisezugwagen der Deutschen Bundesbahn, andere wiederum nur aus Fahrzeugen der Deutschen Reichsbahn. Es waren aber auch gemischte Garnituren aus Wagen beider Bahnverwaltungen zu beobachten. Auch für Eisenbahnunkundige waren die Wagen der DR leicht auszumachen – im Wageninneren rochen sie häufig nach einem Desinfektionsmittel.
Das Fotografieren auf Eisenbahngelände war auch in West-Berlin zu Beginn der Siebzigerjahre mit einigen Schwierigkeiten verbunden. So mussten Hobbyfotografen, die den Dampflokomotiven nachstellten, nicht selten verdeckte Fotopositionen einnehmen, um das gewünschte Motiv ablichten zu können. Auf manchen Westberliner S- und Fernbahnhöfen versuchte das örtliche Bahnpersonal hin und wieder mit Drohgebärden sowie forschen Aufforderungen, das Bahngelände umgehend zu verlassen, die Aufnahmen

zu unterbinden. Ab und zu versuchte ein übereifriger Eisenbahner auch, seine Hand vor die Kamera zu halten. Beim Auftauchen der Transportpolizei, die wir Hobbyfreunde kurz und bündig als »Trapo« bezeichneten, und die auch im Westteil der Stadt präsent war, empfahl sich im Allgemeinen ein möglichst unauffälliger, rascher und geordneter Rückzug vom Bahngelände. Nur die Lokpersonale fanden mit der Zeit Interesse an den Eisenbahn-Fotografen. Man kam öfter mit ihnen ins Gespräch, und manch ein Lokführer oder Heizer bestellte sogar Fotos von sich und seiner Maschine. Aber im weiteren Verlauf der Siebzigerjahre erkannten auch die in Berlin-West agierenden Organe immer mehr, dass das Interesse der mit Kameras ausgerüsteten Eisenbahnfreunde in die Kategorie »Hobby« eingeordnet werden konnte. So wurde von nun an das Fotografieren insbesondere von Dampflokomotiven in den meisten Fällen toleriert.

Heinz-Jürgen Goldhorn, Thomas Rieger

Die 01 0525 des Bw Wittenberge hat im März 1975 den D 166 nach Hamburg am Haken. In flotter Fahrt geht es an einem romantischen Bahnwärterhäuschen vorbei, das mitten im Düppeler Forst liegt. Von Großstadt-Atmosphäre keine Spur. Die Reko-01 befördert den Schnellzug nur bis Wittenberge, wo dann eine Diesellok den D 166 übernehmen wird. Seit Sommer 1973 lief die 01^5 des Bw Wittenberge Hamburg nicht mehr an. Aufnahme: Heinz-Jürgen Goldhorn

Die im Bw Berlin Ostbahnhof stationierte 01 2114 überquert im März 1974 mit ihrem D 110 Warschau – Bonn die Schleusenbrücke des Landwehrkanals in Tiergarten. Für die bevorstehende Fahrt hat das Personal einen riesigen Berg Kohle geladen. Heute sieht es hier ganz anders aus: Die Sträucher und Bäume sind so hoch gewachsen, dass man von der Brücke an gleicher Stelle kaum noch etwas sehen kann. Auch die 01 2114 ist längst verschrottet.
Aufnahme: Heinz-Jürgen Goldhorn

Nicht nur Altbau- und Reko-01er kamen nach West-Berlin. Auch die leichtere Schwester der bekannten Schnellzuglok, die Baureihe 03, passierte die Grenzanlagen . Die Magdeburger 03 2256 bespannte im Juni 1973 den Städteexpress von West-Berlin nach Hannover. Im Hintergrund sieht man rechts die markanten Stadtbahnbögen und davor die schier unüberwindlichen Grenzanlagen. Heute entsteht hier der neue Zentralbahnhof; die Gleisanlagen mit der Humboldthafenbrücke sowie dem alten Lehrter S-Bahnhof werden demnächst abgerissen.
Aufnahme: Heinz-Jürgen Goldhorn

Vom Lehrter-Bahnhof kommend überquert im Juni 1972 die 01 2069 mit ihrem D 163 die Stahl-Fachwerkbrücke über den Humboldthafen. Lok und Zug erreichen in wenigen Minuten Berlin Friedrichstraße. Diese Brücke wird im Jahr 2002 ausgedient haben und im Zuge des Neubaus des Lehrter Bahnhofs durch eine moderne Spannbetonkonstruktion ersetzt.

Aufnahme: Heinz-Jürgen Goldhorn

Mit einem sogenannten Verbinderzug poltert im Juni 1972 die 01 2114 über die Spreebrücke nach Berlin Ostbahnhof, wo für die Reisenden aus West-Berlin Anschlussmöglichkeiten nach Schweden bestanden. Zuvor müssen sie jedoch die üblichen, strengen Grenzkontrollmaßnahmen überstehen. Linkerhand erreicht man den S-Bahnhof Bellevue.
Aufnahme: Heinz-Jürgen Goldhorn

Die 01 0535 hat den Grenzübergangsbahnhof Griebnitzsee bei Potsdam verlassen und steuert nun im Juni 1974 das West-Berliner Stadtzentrum an. Hier kann man die Abzweigstelle der Wetzlarer Bahn gut erkennen. Das rechte Gleis ist für den Reiseverkehr bestimmt, während das linke Gleis in Richtung Drewitz nur für den Güterzugverkehr gedacht war. Im Hintergrund ist eine Überführung der Stammbahn Berlin – Potsdam zu erkennen.
Aufnahme: Heinz-Jürgen Goldhorn

Mit Volldampf – den der Fotograf eigens bei den Lokpersonalen am Tag zuvor bestellt hatte – verlässt 01 2114 mit ihrem Städteexpress aus Hannover den Grenzbahnhof Griebnitzsee (Juni 1974). Mit ihren großen Windleitblechen war die 01 eine wahrhaft mächtige Erscheinung.
Aufnahme: Heinz-Jürgen Goldhorn

Die 01 0535 des Bw Wittenberge hat im März 1975 gerade die Staatsgrenze nach West-Berlin passiert und überquert nun den Teltowkanal in Kohlhasenbrück in Richtung Berlin-Stadtbahn.
Aufnahme: Heinz-Jürgen Goldhorn

Die 01 0532 fährt im März 1974 dem Grenzbahnhof Griebnitzsee bei Potsdam entgegen, wo sie nach einem 20-minütigen Aufenthalt ihre Fahrt in Richtung Wittenberge fortsetzt. Dort übernimmt eine Diesellokomotive den Zug, die ihn dann nach Hamburg bringen wird.
Aufnahme: Heinz-Jürgen Goldhorn

Durch den winterlichen Düppeler Forst bei Berlin-Wannsee eilt im Februar 1976 die 01 0505 mit einer mächtigen Fahne aus Dampf und Rauch in Richtung Berlin-Stadtbahn.
Aufnahme: Heinz-Jürgen Goldhorn

Nanu, da fehlt doch was! Die Wittenberger 01 0535, die letzte rekonstruierte Lokomotive ihrer Baureihe, wartet im Juni 1975 auf den Abfahrauftrag im Bahnhof Berlin Zoo in Richtung Osten. Mit dem fehlenden Windleitblech auf der Heizerseite sieht die Maschine irgendwie »nackt« aus. Große Frage: Wo ist das fehlende Windleitblech geblieben?
Aufnahme: Heinz-Jürgen Goldhorn

Die 01 0508 des Bw Wittenberge durcheilt im Juli 1973 mit ihrem Schnellzug Berlin-Wannsee. Rechts sieht man die Anlagen der Autoverladestation. Links steht noch ein typisches altes S-Bahn Signal. Diese Signal-Form ist heute fast überall verschwunden.
Aufnahme: Heinz-Jürgen Goldhorn

Auf dem Weg nach Hamburg unterquert die 01 0527 mit dem D 164 im Juni 1972 eine Signalbrücke bei Wannsee. Diese lässt erkennen, dass es sich in diesem Fall um keine zweigleisige, sondern zwei eingleisige Hauptstrecken handelt, die sich in Kohlhasenbrück in Richtung Griebnitzsee und Drewitz verzweigen.
Aufnahme: Heinz-Jürgen Goldhorn

Einmal in der Woche, am frühen Morgen, kam ein dampflokbespannter Autoreisezug aus München nach Berlin. Das Bw Saalfeld setzte für diese Fahrten seine besonders gut gepflegten Maschinen der Baureihe 01^5 ein, im Juni 1977 war es die 01 0535. Im Hintergrund sieht man das Stellwerk vom S-Bahnbetriebswerk Wannsee.
Aufnahme: Heinz-Jürgen Goldhorn

01 0525-4

Eine ungewöhnliche Perspektive: Die 01 0525 passiert mit ihrem Schnellzug und hoher Geschwindigkeit die beiden Formsignale für die Einfahrt in Berlin-Wannsee (September 1974).
Aufnahme: Heinz-Jürgen Goldhorn

Aus einem Fenster einer parallel fahrenden S-Bahn heraus entstand dieses Bild: Die 01 2114 donnert im Juni 1973 mit dem Städteexpress Berlin – Hannover durch den Grunewald in Berlin. Der Grunewald ist das größte geschlossene Waldgebiet im ehemaligen West-Berlin.
Aufnahme: Heinz-Jürgen Goldhorn

Bei einer Informationsveranstaltung der Deutschen Reichsbahn kam diese Aufnahme zu Stande: Sie zeigt eine alte Berliner Stadtbahnlokomotive, die 74 1230 des Bw Wustermark, aus der Zeit vor der S-Bahnelektrifizierung. Links ein S-Bahn-Oldtimer aus den Dreißigerjahren. Beide Schienen-Veteranen standen im November 1984 in Berlin-Wannsee.
Aufnahme: Heinz-Jürgen Goldhorn

Selten waren Einsätze der Magdeburger 03er. An diesem Tag im Juni 1973 jedoch ist die 03 2256 die Zuglok des morgendlichen D 1005 in Richtung Berlin-Stadtbahn. Hier legt sich die Maschine mit einer prächtigen Dampfwolke in die Kurve in Berlin-Nikolassee. Das vordere Gleis führt in Richtung Zehlendorf.

Aufnahme: Heinz-Jürgen Goldhorn

Die 01 0525 durchfährt im Juni 1975 mit ihrem D 164 am Haken ohne Halt den Bahnhof Berlin-Charlottenburg. Die Wittenberger Personale pflegten ihre Lokomotiven immer bestens. Die beiden Fernbahnsteige dienen heute wieder der Abwicklung des Vorortverkehrs. Diese Züge werden jetzt als Regionalbahnen bezeichnet.

Aufnahme: Heinz-Jürgen Goldhorn

Auch die eleganten Schnellzugmaschinen der Baureihe 03^{10} des Bw Stralsund erreichten regelmäßig West-Berlin. Im Juli 1976 stand die 03 0085 mit ihrem Zug, dem »Berlinaren«, vor der Silhouette eines markanten Preußischen Gebäudes am Bahnhof Zoologischer Garten. Den Bau ziert eine interessante Inschrift.
Aufnahme: Heinz-Jürgen Goldhorn

Frisch aus dem Raw Meiningen, so präsentierte sich die 01 2014 vor dem mittäglichen D 163 im Juni 1973 in West-Berlin. Hier fährt der Zug in den Bahnhof Zoologischer Garten ein. Die 01 2014 ist eine der dienstältesten ihrer Baureihe bei der Deutschen Reichsbahn. Auf den ersten Blick sieht die Lok aus, als habe sie erst vor wenigen Jahren die Werkhallen verlassen. Doch der Schein trügt: Das Raw Meiningen hat die Maschine schon in vielen Teilen erneuert. So besitzt die Lok zum Beispiel ein neues Drehgestell mit 1.000 mm großen Laufrädern.
Aufnahme: Heinz-Jürgen Goldhorn

In der Nähe vom Savignyplatz im Bezirk Charlottenburg überfährt der D 163 im Februar 1973 aus Hamburg die Stadtbahnviadukte. Gleich ist der Bahnhof Zoo erreicht, und die 01 0517 und ihr Personal haben erst einmal eine verdiente Pause.
Aufnahme: Heinz-Jürgen Goldhorn

Eine imposante Ausfahrt legte die 01 0509 im August 1973 mit dem D 164 hin. Ziel des Schnellzuges ist Hamburg. Auf Grund des engeren Lichtraumprofils war ein anderer Standort des im Bild zu sehenden Signals nicht möglich.

Aufnahme: Heinz-Jürgen Goldhorn

Einige Wochen früher, im Juli 1973, musste sich die 03 2256 des Bw Magdeburg mit dem D 1005 abmühen. Nur mit Mühe und Not konnte der Fotograf noch den Zug von Nikolassee aus mit dem Auto verfolgen. Hier rollte dieser über die Straße des 17. Juni am S-Bahnhof Tiergarten.
Aufnahme: Heinz-Jürgen Goldhorn

Die 01 0504 verlässt mit dem D 163 den Grenzbahnhof Griebnitzsee und erreicht in wenigen Augenblicken West-Berliner Gebiet. Die Aufnahme zeigt die Grenzanlagen in Kohlhasenbrück im Juli 1975. Wie die 01 0504 ihr Aussehen veränderte: Im Gegensatz zu der Aufnahme auf der Seite xx hat die Maschine nun einen normalen Schlot und eine verlängerte Domverkleidung.
Aufnahme: Heinz-Jürgen Goldhorn

Die 03 0085 des Bw Stralsund vor dem morgendlichen Transitzug »Berlinaren« nach Saßnitz, aufgenommen S-Bahnhof Bellevue. Von Saßnitz aus konnten die Reisenden auf einer Fähre, die im Wechsel jeweils von der Deutschen Reichsbahn und der Schwedischen Staatsbahn betrieben wurde, ihre Fahrt nach Schweden fortsetzen (Juni 1974).

Aufnahme: Heinz-Jürgen Goldhorn

Durch den Düppeler Forst in Kohlhasenbrück fährt im Mai 1972 der D 110 Warschau – Bonn in Richtung des Grenzbahnhofs Griebnitzsee bei Potsdam, wo er sich dann auf dem Gebiet der DDR befindet. Diesen Zug nannte man früher im Volksmund den »Spionage-Express«.
Aufnahme: Heinz-Jürgen Goldhorn

In einer wunderschönen Fotoposition präsentierte sich die 01 0532 des Bw Wittenberge im Juni 1975. Im Hintergrund sind die Gedächtniskirche – im Volksmund auch »Hohler Zahn« genannt – und das Zoo-Hochhaus zu sehen. Nach einem kurzen Aufenthalt setzt der Zug seine Fahrt in Richtung Ost-Berlin fort.
Aufnahme: Heinz-Jürgen Goldhorn

Einen Tag später, etwa um die Mittagszeit, kam die 01 2069 vor dem D 163 wieder nach West-Berlin zurück. In wenigen hundert Metern wird der Zug im Bahnhof Zoo eintreffen. Die Lok gehörte im September 1973 zum Bestand des Bw Wittenberge.

Aufnahme: Heinz-Jürgen Goldhorn

Vom Dach eines Parkhauses an der Kantstraße hatte man einen herrlichen Blick auf die in Richtung Westen ausfahrenden Züge. Eigentlich sollte dieser Zug planmäßig mit einer 01^5 bespannt sein. Doch die Freude war groß, als sich an einem Septembermorgen 1970 die Altbau-Lok 01 2069 vor dem D 166 nach Hamburg zeigte. Heute sind solche Motive nicht mehr möglich: Die 01 2069 wurde schon lange verschrottet und das Parkhaus abgerissen. Inzwischen ist hier ein riesengroßes Glashaus einer Versicherung entstanden.

Aufnahme: Heinz-Jürgen Goldhorn

01 0501-5

Vorige Seite: Die Ankunft des Autoreisezuges aus München in Berlin-Wannsee: Damals, im August 1978, gab es hier noch viele Formsignale, die heute alle verschwunden sind. Auch die 01 0501 des Bw Saalfeld gibt es nur noch auf Bildern.
Aufnahme: Heinz-Jürgen Goldhorn

Im Rahmen einer sogenannten Informationsfahrt setzte die Deutsche Reichsbahn einmal im Jahr für eine Woche Sonderzüge in West-Berlin ein. Hier überquert im September 1986 die Traditionslok 38 1182 die Fasanenstraße nahe dem Bahnhof Zoo. Zug und Lok werden gleich zwischen den Berliner Mietskasernen verschwinden.
Aufnahme: Heinz-Jürgen Goldhorn

Es war ein reiner Zufall, wenn eine Aufnahme einer Parallelausfahrt, wie hier im September 1975, gelang. Vorne fährt die 01 0508 mit ihrem D 166 nach Hamburg, die S-Bahn dahinter mit der Zuggruppe G 3 über den Südring nach Köllnische Heide, einem Bahnhof im Bezirk Berlin-Neukölln. Ein S-Bahngleis der Verbindung von Berlin-Charlottenburg nach Halensee, das die G 3 damals befahren musste, ist heute wieder in Betrieb, wenn auch nur für Betriebs- und Sonderfahrten.

Aufnahme: Heinz-Jürgen Goldhorn

Normalerweise fuhren im Sommer 1970 dänische Treibwagen vom Bahnhof Zoologischer Garten durchgehend bis nach Kopenhagen. Bei Ausfall des Triebwagens setzte die Deutsche Reichsbahn lokbespannte Züge ein, wie in diesem Fall. Im Juli 1970 schickte das Bw Berlin Ostbahnhof seine 01 2048 ins Rennen. Das fehlende Nummernschild ist der gerade laufenden Umzeichnung auf EDV-gerechte Loknummern geschuldet. Dabei verlor die Maschine ihre alte Nummer 01 048 und wurde zur 01 2048-5.

Aufnahme: Heinz-Jürgen Goldhorn

Vorbeifahrt des Städteexpress nach Hannover am S-Bahnhof Tiergarten: Im Juni 1974 kam wieder einmal die 01 2114 zum Einsatz. Auch diese schöne Signalbrücke mit dem kleinen Stellwerkshäuschen existiert heute nicht mehr – alle diese Bauten mussten der Elektrifizierung weichen.
Aufnahme: Heinz-Jürgen Goldhorn

Kreisverkehr

Dampflokomotiven auf dem Berliner Außenring

Eine von einem vollständigen und durchweg zweigleisig ausgebauten Eisenbahnring umschlossene Großstadt, das gab und gibt es nur in Berlin. Und wie beim Kreisverkehr auf der Straße kann der Eisenbahnkreis an vielen Stellen verlassen oder in ihn eingefahren werden. Über den Berliner Außenring ist bereits viel geschrieben worden. Zieht man den Radius vom Stadtmittelpunkt aus auf einem Berliner Stadtplan nicht zu groß und beschränkt ihn auf die Innenstadt, dann stößt der Eisenbahnfreund auf eine zweite Berliner Ringstrecke, die die ältere von beiden ist.
In der zweiten Hälfte des 19. Jahrhunderts, als der Eisenbahnbau im großen Umfang begann, war Berlin ein bedeutendes wirtschaftliches Zentrum. Es war deshalb nur logisch, dass mehrere deutsche Eisenbahn-Gesellschaften Berlin als Endpunkt für ihre Strecken auserkoren. Die meisten dieser Bahnlinien endeten unabhängig voneinander in Kopfbahnhöfen, die oftmals in ihren Namen die Ausgangspunkte der jeweiligen Strecken trugen. Als Beispiele seien hier der Anhalter -, der Stettiner -, der Lehrter - und der Görlitzer Bahnhof genannt. Die Entfernungen zwischen diesen Stationen war erheblich, und wer als Durchreisender in Berlin ankam, brauchte viel Zeit, um von einem zum anderen Bahnhof zu gelangen. Trotz des heftigen Konkurrenzkampfes untereinander sahen die Eisenbahn-Gesellschaften ein, dass dieser Zustand unhaltbar war. Deshalb planten die Unternehmen, die einzelnen Kopfbahnhöfe miteinander zu verbinden und zwar nicht strahlenförmig, sondern in Form

Lokführer und Heizer der 03 2153 aus Wittenberg hatten am 26. Mai 1979 die Rauchkammer ihrer Maschine mit einem kleinen Blumenstrauß geschmückt. Aus gutem Grund, denn an diesem Tag ging der Planeinsatz der Baureihe 03 im Bw Lutherstadt Wittenberg zu Ende. Der 03 2153 oblag die Bespannung des P 3517 nach Halle, der gerade Schönefeld verlassen hat. Der nächste Halt war in Ludwigsfelde.

Aufnahme: Erich Bohne

03 2153-9
34
6

einer kreisförmigen Strecke – die Geburtsstunde der Berliner Ringbahn. Bereits ausgangs des 19. Jahrhunderts war die Ringbahn fast durchgängig viergleisig ausgebaut. Damit waren auch die Voraussetzungen für den reibungslosen Betrieb einer Stadtbahn geschaffen.
Zur gleicher Zeit dehnte sich Berlin durch die starke Zuwanderung – die Industrie brauchte Arbeitskräfte – sehr schnell aus, und bald lagen die Kopfbahnhöfe inmitten dichtbebauter Stadtteile. Der Reiseverkehr stieg sprunghaft an. Vor Beginn des Ersten Weltkrieges mussten die Berliner Eisenbahner täglich bis zu 250 Schnellzüge abfertigen. Nun sollte wenigstens der Durchgangsgüterverkehr aus der Stadt herausgehalten werden. Die Idee für einen zweiten Berliner Eisenbahnring hieß »Güterumgehungsbahn«. Diese sollte von Oranienburg über Kremmen nach Nauen und weiter nach Wustermark verlaufen. Von hier aus ging es weiter über Wildpark bei Potsdam, Beelitz, Michendorf nach Mahlsdorf. Nach und nach wurden die Pläne realisiert und schon nach dem Ersten Weltkrieg ging dieser Vorläufer des späteren Außenringes in Betrieb. Aus der Berliner Ringbahn wurde nun der Innenring.
Diese Vorgeschichte kann man als den Ursprung des Berliner Außenringes betrachten. Zwar weichen die damals geplante und die später verwirklichte Trasse zum Teil erheblich voneinander ab, aber der Zweck dieses Bauwerks blieb der Gleiche – Güter- und später auch Reisezüge um Berlin herumzuleiten.
Gerade dieser Aspekt sollte nach der Teilung Berlins im Sommer 1945 und nach der Gründung der DDR am 7. Oktober 1949 eine völlig neue Bedeutung erlangen. Nach der Teilung Deutschlands und Berlins wollten die sowjetische Besatzungsmacht und die DDR-Regierung unter allen Umständen, dass der Reiseverkehr Westberlin umging. Aus diesem Grund begannen bereits 1950 die Bauarbeiten für den wichtigen Abschnitt des Berliner Außenrings (BAR) zwischen Genshagen und Berlin-Grünau, der bereits 1951 in

Dass immer wieder der Standort Sellheimbrücke auftaucht, hat natürlich seinen Grund: Zum einen kam man dort mit der S-Bahn und dem Bus recht gut hin. Zum anderen waren die Gleise gut zugänglich – kein Strauchwerk oder Ähnliches beeinträchtigte die Sicht. Und besonders wichtig: Hinter dem Karower Kreuz in Richtung der Berliner Bahnhöfe gelegen kamen hier die Züge über Bernau und Oranienburg gebündelt vorbei. Doch ein Risiko hatte dieser Ort. Der Foto-Spaß konnte schnell durch ins Bild fahrende Züge auf dem vorderen Gleis verdorben werden. An einem Apriltag des Jahres 1979 war das aber nicht der Fall, als die Stralsunder 03 0090 mit dem D 319 vorbeirauschte.
Aufnahme: Erich Bohne

Mit dem Beginn des Sommerfahrplans 1979 wurde der südliche Teil der Schnellzugverbindung zwischen Stralsund und Berlin mit der bis dahin gültigen Zugnummer D 717 von Leipzig nach Dresden verschwenkt. Der Zuglauf bekam nun die Bezeichnung D 917. Dieser Schnellzug passiert am 17. Juli 1979 gerade den S-Bahnhof Karow. Der Lokführer der 01 0535 des Bw Pasewalk muss nun die Geschwindigkeit drastisch reduzieren, da es gleich in die enge Kurve des Verbindungsgleises zum Außenring geht.
Aufnahme: Erich Bohne

Betrieb ging. Nach und nach nahm der BAR bis 1956 im Wesentlichen seine heutige Form an. Die wichtigsten Bauarbeiten endeten mit der Inbetriebnahme des Damms durch den Templiner See bei Potsdam. Der neue Potsdamer Hauptbahnhof erhielt damit eine direkte Verbindung zum Grünauer Kreuz.

Mit dem Bau der Mauer am 13. August 1961 waren über Nacht die westlich der Stadt gelegenen Gemeinden von Ost-Berlin eisenbahntechnisch abgeschnitten. Die direkten S-Bahnverbindungen eingestellt. Die Deutsche Reichsbahn musste den Berufsverkehr in Richtung Ost-Berlin jetzt völlig neu strukturieren. Deshalb war es notwendig, sofort einen Umgehungsverkehr über den Außenring zu organisieren. Dieser Vorortverkehr, dessen Vorläufer bis 1960 zurückreichen, bekam im Laufe der Zeit im Volksmund den Namen »Sputnik«. Wohl nicht zuletzt deshalb, weil diese Züge ein Gebiet umkreisten wie die sowjetische Raumkapsel die Erde. Aber war Westberlin der Mittelpunkt dieser »Umlaufbahn«? Die letzten noch eingleisigen Abschnitte des BAR mussten nun aufgrund der sprunghaft gestiegenen Zugzahl mit dem zweiten Gleis ausgerüstet werden, da sonst der starke Verkehr auf Dauer nicht ohne Beeinträchtigungen zu bewältigen gewesen wäre. Mit dem letzten Abschnitt des zweigleisigen Ausbaus zwischen Eichgestell und Springpfuhl entstand gleichzeitig der neue Rangierbahnhof Wuhlheide.

Wurde durch die Grenzschließung im Sommer 1961 der Ausbau des Außenrings forciert, so verlief die Entwicklung des Innenrings völlig entgegengesetzt. Bis zum 12. August

1961 konnte man hier tatsächlich im Kreis herumfahren. Wer Lust hatte, fuhr für 20 Pfennige den ganzen Tag mit der elektrischen S-Bahn. Auf den parallel liegenden Gleisen fand bis dahin noch Güterverkehr zwischen Ost- und West-Berlin statt. Nun aber war der Innenring in zwei Teile zerschnitten – dem östlichen von Schönhauser Allee über Ostkreuz bis zum Treptower Park und dem westlichen von Gesundbrunnen über Beusselstraße, Westend, Westkreuz, Tempelhof, Neukölln nach Sonnenallee.

Während in West-Berlin die Bedeutung der Strecke stetig zurückging – Reisezüge verkehrten hier schon lange nicht mehr; wurde im Ostteil der Stadt das Reststück als Teil der innerstädtischen Verbindung von Schöneweide über Frankfurter Allee nach Pankow ausgebaut. Für diese Strecke entstand dann im Laufe der Zeit der eigentlich falsche Begriff »Innenring«.

Betriebstechnisch gab es einige Besonderheiten: Wie schon erwähnt, ist der zweigleisige Ausbau lange abgeschlossen. Trotzdem gilt der Außenring bis heute nicht als zweigleisige Trasse, sondern als zwei unabhängig voneinander betriebene eingleisige Strecken.

Und nicht nur das. Noch vor der vollständigen Elektrifizierung in der ersten Hälfte der Achtzigerjahre, fand auf dem BAR ein elektrischer Betrieb mit unterschiedlichen Stromsystemen statt. Als am 13. August 1961 Oranienburg vom elektrischen S-Bahnnetz getrennt wurde, musste eine schnelle Umgehung von West-Berlin her. Ein Streckenneubau kam nicht infrage, das hätte zu viel Zeit in Anspruch genommen. So entschied sich die Deutschen Reichsbahn, in Hohen Neuendorf die Trasse der mit 750 V Gleichstrom elektrifizierten S-Bahn über Bergfelde nach Schönfließ neu zu bauen, und ab Schönfließ bis zum Karower Kreuz einen

Zwei- und dreiachsige Rekowagen und eine 03er des Bw Lutherstadt Wittenberg – dieses Bild gab lange Zeit der Reisezug P 3517 von Berlin nach Halle (Saale) ab. Am 20. Juni 1978 bespannte die 03 2067 den P 3517, der gerade in Schönefeld unterwegs war. Die Maschine war eine der letzten Reichsbahn-03er, die einen Altbaukessel – erkennbar an dem Speisedom – besaß. Nur noch wenige Monate stand die 03 2067 im Einsatz. Am 27. Februar 1979 verfügte die Rbd Halle die Lok in den Schadpark.

Aufnahme: Erich Bohne

Ein Teil der Wagen dieses Schnellzuges hatte seine Reise nach Berlin-Ostbahnhof bereits in Stockholm begonnen. Nach der Ostseeüberfahrt von Trelleborg waren für die Reisenden erst einmal die üblichen Grenz- und Zollkontrollen in Saßnitz Hafen zu überstehen. Dann wurde dieser Zugteil zum Bahnhof Saßnitz überführt und mit weiteren, nur im Binnenverkehr eingesetzten Reisezugwagen zu einem D-Zug komplettiert, sein Name: »Saßnitz-Expreß«. Dieser ließ sich auf dem nordöstlichen Teil des Berliner Außenrings in der tiefstehenden Morgensonne immer wieder gut ablichten. Am 29. September 1979 sputete sich die 03 0059 vor dem Saßnitz-Expreß am Karower Kreuz. Aufnahme: Erich Bohne

gemeinsamen Betrieb auf den Fernbahngleisen abzuwickeln. Am Karower Kreuz erreichte die Trasse wieder das Ost-Berliner S-Bahnnetz.
Ohne Übertreibung kann man hier von einer betriebstechnischen Meisterleistung sprechen. Die Fernzüge hatten sich zwar weitgehend dem starren Fahrplan der S-Bahn unterzuordnen. Aber vormittags, wenn der Berufsverkehr zu Ende war, wurden bei einigen Fahrten von und nach Oranienburg der Umlauf auf dem Abschnitt Birkenwerder – Blankenburg in beiden Richtungen unterbrochen. Damit herrschte vorübergehend ein 40- Minuten-Verkehr. Der BAR war an dieser Stelle für die Fernzüge durchlässiger. Zu ernsthaften Störungen kam es in den rund 20 Jahren des gemeinsamen Betriebes äußerst selten.
Elektrisch konnte auch zwischen Hennigsdorf und Wustermark-Rangierbahnhof gefahren werden. Als Versuchsstrecke für den VEB Lokomotivbau-Elektrotechnische Werke »Hans Beimler« (LEW) Hennigsdorf hatte man hier eine Oberleitung mit dem üblichen Bahn-Wechselstromnetz von 16 2/3 Hz installiert. Als letzte große Veränderungen am BAR kann man den viergleisigen Ausbau des Abschnitts zwischen Schönefeld und Glasower Damm, dem Abzweig nach Dresden und die Elektrifizierung in den Achtzigerjahren nennen.
Soweit einige Worte zu den Besonderheiten eines Teils der Berliner Eisenbahnlandschaft. Nun wieder zu den Dampflokomotiven: Der Innen- und der Außenring waren immer wieder Ziele bei der Suche nach neuen Motiven. Jeder Ring hatte sein eigenes Flair.
Am Innenring um die Schönhauser Allee herum, also mitten im Stadtbezirk Prenzlauer Berg, bestimmte die typische Berliner Mietshausstimmung mit Bauten aus der Gründerzeit das Bild. Keine 15 Kilometer von hier konnte man am Außenring Motive finden, die nicht im Entferntesten an die Großstadt erinnerten. Wiesen, Brachen und auch Rieselfelder bestimmten die Szenerie. Dabei befand sich der Fotofan aber immer noch innerhalb des Berliner Stadtgebiets!
Immer wieder waren die östlichen Abschnitte des Außenrings Ziel der Motivsuche. Zum einen war diese Gegend

relativ günstig mit der S-Bahn bzw. mit den BVB-Linien zu erreichen. Zum anderen kamen hier die Züge von und zu den Berliner Fernbahnhöfen gebündelt vorbei. Im Nordosten traf man die Stralsunder 03^{10} und die Altbau- und Reko-01er aus Berlin und Pasewalk. Im Südosten bestimmten die Maschinen aus den Bahnbetriebswerken Dresden, Leipzig Hbf West und Lutherstadt Wittenberg – meist die Baureihen 01 und 03 – das Geschehen. Zu Beginn der Siebzigerjahre konnte man hier auch noch den 03 aus Oebisfelde, Stendal und Güsten begegnen. Sie wurden jedoch sehr bald von Dieselloks der BR 118 abgelöst.
Die Ausflüge an den Außenring hatten immer wieder den selben Grund: Hier erlebte man die eleganten Schnellzuglokomotiven in voller Aktion. Auf fast gerader Strecke, die für Geschwindigkeiten bis zu 120 km/h zugelassen war, konnten die Altbau- und Reko-01er sowie die 03er die ganze Kraft, die in ihnen steckte, eindrucksvoll beweisen. Kraft mussten die Maschinen auch haben, denn die D-Züge bestanden in der Ferienzeit aus 12 bis 13 Reisezugwagen.

Sozusagen als Zugabe nahm der Eisenbahnfreund auch die dort verkehrenden Güterzüge mit. Aber wehe, wenn ein Güterzug auf dem vorderen Gleis in das Bild fuhr. Dann hätte er auch mit zwei Dampflokomotiven daher kommen können – in diesem Moment wäre er völlig fehl am Platze gewesen. Der ganze Aufwand wäre umsonst gewesen: Der Schnellzug war durch und das Motiv weg.
Mit der Inbetriebnahme der Nord-Süd-Strecke und des neuen Zentralbahnhofs am früheren Ausgangspunkt der Lehrter Bahn werden sich auch die Verkehrsströme in und um Berlin neu orientieren. Die Bedeutung des Berliner Außenringes wird sich verändern, in die Bedeutungslosigkeit wird er jedoch nie verfallen.
An der Wiederherstellung des vollen Innenringes der Berliner S-Bahn wird seit Jahren gearbeitet. Im Jahr 2002 wird die letzte Lücke zwischen Gesundbrunnen und Westhafen geschlossen sein und dann können die Berliner und ihre Gäste nach 41 Jahren wieder den ganzen Tag im Kreis herumfahren. Wenn nicht mehr für 20 Pfennige! *Erich Bohne*

Nachdem der E 315 aus Szczecin spätestens in Höhe des S-Bahnhofs Karower Kreuz die Geschwindigkeit soweit reduziert hat, dass er die Verbindung zwischen dem Karower Kreuz und dem östlichen Berliner Außenring ohne Gefahr durchfahren kann, beschleunigt der Lokführer der 01 1511 am 1. September 1979 wieder den Zug auf 120 km/h – der zulässigen Höchstgeschwindigkeit auf diesem Abschnitt des Ringes.

Aufnahme: Erich Bohne

Die Fotostandorte am Berliner Außenring waren immer dem Zwang unterworfen, dass sie irgendwie mit öffentlichen Verkehrsmitteln und zudem noch möglichst schnell zu erreichen waren. Den Luxus eines eigenen Autos konnten sich zu dieser Zeit die wenigsten Eisenbahnfreunde in der DDR leisten. Es ging aber auch ohne, denn nach Hohenschönhausen-Gartenstadt kam man recht gut. Direkt an der Bahnstrecke endete damals die Straßenbahnlinie 63. Die Kosten blieben auch übersichtlich, schließlich kostete eine Straßenbahnfahrt nur 20 Pfennige. Am 7. September 1979 zog die 03 0059 den D 814 von Berlin-Lichtenberg über Neubrandenburg nach Stralsund.

Aufnahme: Erich Bohne

Mitte der Siebzigerjahre dampfte es auf dem Berliner Außenring noch Tag ein Tag aus an vielen Stellen. Vor den zahllosen Güterzügen konnten oftmals die Altbau-52er beobachtet werden. So wie die bestens gepflegte 52 7584 des Bw Wustermark, die am 15. Februar 1975 einen unfreiwilligen »Fotohalt« vor einem rot zeigenden Signal bei Berlin-Marzahn einlegte. Der Lokführer erwartete bereits die Weiterfahrt, denn die Steuerung hatte er schon voll ausgelegt. Aufnahme: Thomas Rieger

Zu den letzten Reko-01ern des Bw Berlin Ostbahnhof gehörte die 01 1512. Am 18. September 1977 war die Maschine in Höhe des S-Bahnhofs Warschauer Straße mit dem D 310 auf dem Weg in die polnische Hafenstadt Szczecin. Zwei Jahre später gab das Bw Ostbahnhof die Maschine an das Bw Berlin-Schöneweide ab. Aufnahme: Heinz Krautzschick

Immer eine Augenweide für den Eisenbahnfreund war die bestens gepflegte 03 0010 des Bw Stralsund. Am 14. Oktober 1978 hatte die Dreizylinderlok gerade den S-Bahnhof Ostkreuz mit dem D 270 in Richtung Ostsee unterquert.
Aufnahme: Heinz Krautzschick

Ein beliebtes Ziel für Eisenbahnfotografen war auch im Frühjahr 1979 der Berliner Außenring in der Nähe des Grünauer Kreuzes im Stadtteil Altglienicke. Der nachmittägliche Güterexpresszug (Gex) nach Leipzig war oftmals ein Grund für einen Ausflug in diese Gegend Berlins. Der Gex gehörte zu den Stammleistungen der 03er des Bw Lutherstadt Wittenberg, das in diesem Fall die 03 2243 ins Rennen geschickt hatte.
Aufnahme: Erich Bohne

Im westlichen Vorfeld des Bahnhofs Berlin-Lichtenberg existiert eine umfangreiche Gleisverbindung, bahnamtlich »Gab« genannt. Von dort aus gibt es nicht nur Verbindungen aus dem Bahnhof, sondern auch von Rummelsburg aus zum nördlichen bzw. südlichen Teil des Innenrings. Die 52 7222 aus dem damaligen Bw Berlin Ostbahnhof kommt am 4. März 1978 gerade aus Richtung Frankfurter Allee und nimmt nun die Weichenstraße zum Richtungsgleis nach Rummelsburg unter ihre Räder.

Aufnahme: Erich Bohne

Eigentlich unter der Würde einer eleganten 03er war der P 3518: Am 25. Mai 1979, nur ein Tag vor dem Fahrplanwechsel, bringt die 03 2058 des Bw Lutherstadt Wittenberg noch einmal den P 3518 in die Hauptstadt der DDR. Die 03 2058 war nicht irgendeine 03. Das Raw Meiningen hatte die Maschine erst 1975 mit einem Reko-Kessel ausgerüstet, womit de facto das Reko-Programm der Deutschen Reichsbahn zu Ende ging. Aufnahme: Erich Bohne

Die Einsatzstelle Lichtenberg setzte 1979, wenige Wochen bevor das Dampflokzeitalter im Bw Ostbahnhof zu Ende ging, sogar noch einmal verstärkt ihre letzte betriebsfähige Altbau-01 ein. Allerdings blieb im Reisezugdienst für die 01 2065 nur noch das Eilzugpaar E 314 / E 315 nach Szczecin. Der E 315 aus Szczecin ist hier am 11. April 1979 an der Sellheimbrücke auf den Berliner Ring aufgefahren und hat nur noch wenige Kilometer bis Berlin-Lichtenberg vor sich.
Aufnahme: Erich Bohne

Spätestens im Frühjahr 1979 ist eigentlich allen Eisenbahnfreunden klar, dass es noch im selben Jahr zu einer massiven Einschränkung im Dampfbetrieb in und um Berlin kommen wird. Die »Strippen«, die elektrisch betriebenen Strecken, rücken immer näher an Berlin heran. Deshalb nutzen die Fotografen jede freie Minute und jeden schönen Tag, um noch einmal mit der Kamera in das Geschehen »reinzuhalten«. Am 8. Mai 1979 schleppt die 03 2243 den P 3517, der aus zwei- und dreiachsigen Reko-Wagen bestand, durch Altglienicke.
Aufnahme: Erich Bohne

Am 11. April 1979, als das Bild entstand, bewegte man sich an dieser Stelle des Berliner Außenrings auf dem Gebiet des erst wenige Wochen alten Stadtbezirks Berlin-Marzahn. Dagegen gehörte der im Rücken liegende neue Güterbahnhof Lichtenberg Nord-Ost, dessen Ein- bzw. Ausfahrgleis im Vordergrund zu erkennen ist, weiterhin zum Stadtbezirk Lichtenberg. Dass der D 514 an diesem herrlich klaren Frühlingabend mit der Stralsunder 03 0058 kommen musste, konnte man schon vorher in Lichtenberg erkunden. Außerdem waren die Umläufe der Dampflokomotiven eines der häufigsten Gesprächsthemen unter den Eisenbahnfreunden. Beruhigend war, dass wenigstens aus dem Güterbahnhof kein Zug ins Bild fahren konnte – das zeigte deutlich die Stellung der Schutzweiche.

Aufnahme: Erich Bohne

Am 21. Februar 1979 waren die Lichtverhältnisse dürftig. Dass das Bild von der 03 2254 vor dem P 3517 nach Halle gelang, war mit großer Wahrscheinlichkeit auf den vielen Schnee zurückzuführen. Immerhin zeigten die Uhrzeiger zum Zeitpunkt der Aufnahme, hier in Schönefeld, bereits 17 Uhr.

Aufnahme: Erich Bohne

Der 1. Januar 1979 war sozusagen der Geburtstag des Stadtbezirks Berlin-Marzahn. Die ersten Mieter waren glücklich in ihren neuen Wohnungen mit Fernheizung, Fahrstuhl und warmem Wasser aus der Wand. Der Bau weiterer, riesiger Wohnsiedlungen mit den heute als »Platten« bekannten Gebäudeblöcken fing aber gerade erst an. Und dafür brauchte man natürlich Baustoffe in großen Mengen. Im April 1979 brachte die Güstrower 50 3599 Kies zum Güterbahnhof Lichtenberg Nord-Ost. Dort begann das Anschlussgleis zum Betonwerk an der Gehrenseestraße, das zum Wohnungsbaukombinat Berlin gehörte. Die 13 bis zur Ladegrenze mit Kies gefüllten Selbstentladewagen dürften für die Reko-50er kein größeres Problem gewesen sein. Beachtung verdient der hinter der Lok eingestellte Güterzug-Packwagen.
Aufnahme: Erich Bohne

Besonders in den Sommermonaten waren die Abendstunden für die Eisenbahnfotografen verlockend. Aus gutem Grund, denn nun war das Licht nicht mehr so hart und die tiefstehende Sonne leuchtete eine Dampflok besonders gut aus. Die hochstehende Mittagssonne dagegen produzierte viele Schatten, zum Beispiel vom Umlaufblech auf das Fahrwerk. Am 17. Juli 1979 hatte man es auf eine ander Art damit zu tun: Die Schatten der Bäume fraßen sich nun förmlich in das Gleis. Aber hier bei Malchow am Berliner Außenring fand sich gerade noch eine freie Stelle, als die 52 8101 vorbei fuhr.
Aufnahme: Erich Bohne

Mit dem Fahrplanwechsel am 30. September 1978 verabschiedete sich das Bw Leipzig Hbf West von seinen Schnellzuglokomotiven der Baureihe 03. Bis zum Schluss setzten die Sachsen ihre hochrädrigen Renner im schweren Schnellzugdienst ein. Vor dem letzten Dampfschnellzug setzte das Bw Leipzig Hbf West zwei 03er ein. Vor dem D 815 zeigten die 03 2058 und die 03 2254 – hier in Schönefeld auf dem Außenring – noch einmal, zu welchen Leistungen sie fähig waren.
Aufnahme: Erich Bohne

Am 29. September 1979, dem letzten Tag des Sommerfahrplans 1979 reisten Scharen von Eisenbahnfreunden zu allen möglichen und unmöglichen Stellen in Berlin, um noch einmal so viele Motive wie irgend möglich einzufangen. Denn nur einen Tag später reduzierte die Deutsche Reichsbahn wieder einmal ihre Dampflokeinsätze. Auch hier in der Gartenstadt von Hohenschönhausen hatten sich mehrere Fans eingefunden, um die Baureihe 03^{10} des Bw Stralsund zu fotografieren. Aber zuerst kam 52 8101 und dann auch noch Tender voran! Wer hatte zu der Zeit noch die Nerven, die Kamera jetzt beiseite zu legen?
Aufnahme: Erich Bohne

Im Jahr 1978 hieß das gerade erschlossene neue Wohngebiet am Rande des damals noch zu Berlin-Lichtenberg gehörenden Stadtteils Marzahn offiziell »Neunter Stadtbezirk«. Die Häuserblöcke im Hintergrund bildeten dann das erste Wohngebiet in Marzahn. Schon fertig war zu diesem Zeitpunkt der neue S-Bahnhof Springpfuhl, den die Stralsunder 03 0074 mit ihrem D 514 passierte. Die 03 0074 nahm eine Sonderstellung ein: Wie die 03 0010 besaß auch sie anstelle des sonst üblichen Mischvorwärmers einen Oberflächenvorwärmer der Bauart Knorr – ein Relikt aus der Zeit als Bremslok bei der Versuchs- und Entwicklungsstelle der Maschinenwirtschaft (VES-M) Halle (Saale).
Aufnahme: Erich Bohne

Noch 1984 konnte man auf dem westlichen Teil des Berliner Rings 52er des Bw Wustermark erleben. Eine Maschine fuhr täglich mit einem Nahgüterzug vom Rangierbahnhof Wustermark nach Nauen. Von dort ging es weiter nach Kremmen, Velten und Hennigsdorf und wieder zurück nach Wustermark. Am 28. April 1984 oblag dieser Dienst der 52 8106, die hier westlich des Stellwerks »Falkenhagener Kreuz« unterwegs war. Im Hintergrund ist ein Fahrleitungsmast der Verbindung von Brieselang zu erkennen.
Aufnahme: Erich Bohne

Am 30. September 1978 war auf dem Bahnhof Zentralflughafen Berlin-Schönefeld von Baumaßnahmen noch nichts zu sehen. Doch wenige Jahre später hatte der Bahnhof ein völlig neues Aussehen. Ein noch alltägliches Gesicht im Bahnhof Schönefeld waren die Reko-03er aus Lutherstadt Wittenberg. Der P 3517 nach Halle (Saale) hing an diesem Tag am Zughaken der 03 2002. Sie war zu diesem Zeitpunkt die dienstälteste Maschine ihrer Baureihe bei der Deutschen Reichsbahn. Heute erkennt man auch die 03 2002 nicht wieder: Sie steht mit einer weinroten Stromlinienverkleidung im Technikmuseum Prora auf Rügen.

Aufnahme: Erich Bohne

Wo heute die Neubauten von Berlin-Marzahn stehen, donnerte am 9. April 1978 die 03 0080 mit dem D 514 in Richtung Norden. Der Stadtbezirk Marzahn war gerade erst im Entstehen.
Aufnahme: Heinz Krautzschick

Es war immer ein spannender Augenblick, wenn sich eine Schranke in der Ferne schloss. Die Spannung und die Vorfreude waren groß, was denn jetzt so kommen könnte. Im August 1973 war es eine Altbau-52er vor einem Güterzug auf dem Berliner Außenring in der Nähe von Berlin-Marzahn. Die 52 3449 präsentierte sich in einem ausgezeichneten Pflegezustand. Bemerkenswert sind das Druckluftläutewerk neben dem Schornstein und das etwas außermittig angeordnete Lokschild an der Rauchkammer.
Aufnahme: Heinz-Jürgen Goldhorn

Auf dem Berliner Außenring bei Berlin-Marzahn herrschte eine starker Reise- und Güterverkehr. Die 52 4826 blieb im April genau vor dem Fotografen stehen, so dass dieser nun seelenruhig fotografieren konnte. Nach einer halben Stunde setzte der Nahgüterzug seine Fahrt in Richtung Wustermark fort. Die Wustermarker Maschine besaß einen Giesl-Ejektor und eine kleine Blechschürze unter der Rauchkammer.
Aufnahme: Heinz-Jürgen Goldhorn

Immer wieder reizte es, die schönen und vor Kraft strotzenden Dreizylinder-Maschinen der Baureihe 03^{10} in voller Aktion zu erleben. Wenn die geplante Durchfahrzeit am Außenring heran war, herrschte eine nur schwer zu beschreibende Spannung. Und dann in der Ferne die ersten Geräusche. Kam der Schnellzug mit der 03^{10} wirklich? Schnell noch einmal auf das Schotterbett hoch – ja der Zug donnerte heran. Gleichzeitig auch besorgte Blicke nach links in das Gegengleis. Kam von da vielleicht ein anderer Zug? Selbst eine Dampflok aus dieser Richtung wäre in diesem Moment völlig unerwünscht gewesen. Am 5. August 1979 rauschte der D 914 mit der 03 0046 bei Berlin-Malchow vorbei.
Aufnahme: Erich Bohne

Die im Bw Wustermark stationierte 74 1230 dampfte im November 1984 mit einem Sonderzug in Höhe des S-Bahnhofs Witzleben vorbei. Auf dem Bahnhof ruhte nach einem Streik der West-Berliner Eisenbahner im Jahr 1980 für mehrere Jahre der S-Bahn-Verkehr. Am linken Bildrand: die fast leere Berliner Stadtautobahn.
Aufnahme: Heinz-Jürgen Goldhorn

Auf dem Weg ins Zentrum
Dampflokomotiven auf der Berliner Stadtbahn

Löste ein Fahrgast in der Zeit, in der die Bilder für dieses Buch entstanden, eine Fahrkarte nach Berlin, stand darauf »Berlin-Stadtbahn«. Diese Fahrkarte berechtigte zu einer Fahrt mit der S-Bahn vom Ankunftsbahnhof aus zu einer Station der Stadtbahn zwischen den S-Bahnhöfen Ostkreuz und Berlin-Friedrichstraße. So stand es in jedem Kursbuch der Deutschen Reichsbahn unter der Rubrik *»Reiseinformationen für den Binnenverkehr«*. Ein Teil dieser für Berlin typischen Eisenbahnverbindung wäre damit bereits beschrieben. Der zweite Teil der Stadtbahn setzte sich im Westen der Stadt vom Bahnhof Friedrichstraße über den Lehrter Stadtbahnhof, den Bahnhof Zoologischer Garten bis zum Westkreuz fort. Zwischen den beiden Stadtbahnteilen lag die Staatsgrenze und die trennte nicht nur die S-Bahnnetze.
Doch die Geschichte der rund zwölf Kilometer langen Stadtbahn, die die beiden Ringbahnhöfe Ost- und Westkreuz miteinander verbindet, beginnt viel früher. Kurz nach der Fertigstellung der Berliner Ringbahn, dem heutigen Innenring, sollte auch das Stadtzentrum Berlins von einer Eisenbahn erschlossen werden. Unter der Regie der preußischen Staatsverwaltung wurde der Bau einer von Anfang an viergleisigen Verbindung bereits 1882 abgeschlossen.

Die Altbau-01er des Bw Dresden bestachen stets durch ihren einwandfreien Pflegezustand. Im Spätsommer 1978 ging der Einsatz der Maschinen zu Ende. Im besten Morgenlicht beförderte die 01 2207 am 18. September 1977, eine Woche vor der Einstellung des Dampfbetriebs im Bw Dresden, den D 1071 des Städteschnellverkehrs nach Dresden. Im Hintergrund ist die Warschauer Brücke zu sehen. Nur wenige Wochen später, am 1. Dezember 1977, musterte die DR die 01 2207 aus.
Aufnahme: Heinz Krautzschick

Wer schon einmal Gelegenheit hatte, diese Strecke von einem hochgelegenen Punkt, zum Beispiel von der Aussichtsplattform des Fernsehturms, zu beobachten, dem wird sofort die etwas merkwürdige geschlängelte Streckenführung aufgefallen sein. Dafür gab es gute Gründen: So sollten die Bahnhöfe zum einen an ganz bestimmten Punkten liegen, zum Beispiel am Alexanderplatz, zum anderen wurde die Trasse auf zugeschütteten Armen der Spree und Teilen eines innerstädtischen Grabens errichtet. Dies sparte enorme Kosten beim Grunderwerb. Schon damals war das Geld in der Staatskasse knapp.

Um von Anfang an niveaugleiche Kreuzungen von Schienen- und Straßenverkehr auszuschließen, wurden für die Trasse der Stadtbahn über 700 Viaduktbögen errichtet. Diese fehlten lediglich auf den Abschnitten Ostkreuz – Ostbahnhof und Charlottenburg – Westkreuz.

Durch den viergleisigen Ausbau war es möglich, von Anfang an den Fern- und Stadtverkehr voneinander zu trennen. Ab dem Jahr 1929 wurde letzterer auf diesem Abschnitt der Berliner S-Bahn schon vollständig elektrisch betrieben.

Nach 29 Jahren Unterbrechung des S-Bahnverkehrs durch die Mauer – nur die Fernbahngleise blieben für Betriebsfahrten durchgängig passierbar – verbinden heute längst wieder moderne Züge die Ost- und die West-City. Und nach der Sanierung eines Großteils dieser Strecke kann man endlich wieder mit Regionalzügen mitten in die Stadt fahren.

Doch zurück in die Zeit, als noch Dampflokomotiven ihre Schnellzüge über die Stadtbahngleise schleppten. Den Dampfbetrieb auf dem westlichen Teil der Berliner Stadtbahn hat bereits Heinz-Jürgen Goldhorn mit seinen eindrucksvollen Aufnahmen im Kapitel »Transitzüge« dokumentiert. Dieses Kapitel zeigt nun die Dampftraktion im Ostteil.

Die Bahnfahrt vom Stadtrand in das Zentrum Berlin

Im August 1977 waren die gepflegten Altbau-01er des Bw Dresden noch täglich in Berlin zu Gast. Die 01 2204, die Starlok ihrer Heimat-Dienststelle, hat gerade die Modersohnbrücke passiert und fährt nun über Karlshorst und Eichgestell nach Berlin-Schöneweide. Der S-Bahnzug der Baureihe 277 dagegen hat das Berliner Zentrum als Ziel. Nur wenige Wochen später, am 24. September 1977, geht der Planeinsatz der Baureihe 01 auf der Strecke Dresden – Berlin zu Ende und die 01 2204 erhält den Status einer »Traditionslokomotive«. Was damals keiner ahnt – am 16. Juni 1982 verkauft die Reichsbahn die 01 2204 für harte Devisen in die Bundesrepublik. Heute träumt die Maschine in Hermeskeil von besseren Zeiten. Aufnahme: Erich Bohne

Zwischen der Modersohn- und der Warschauer Brücke begann das Vorfeld des Berliner Ostbahnhofs. Das galt für den Personenbahnhof, den Postbahnhof wie auch für den Güterbahnhof. Den Personenbahnhof verlässt am 28. April 1979 diese Überführung nach Lichtenberg. Dabei waren immer wieder Expressgut-, Post- und Containerwagen zu beobachten. Die 01 1518 verdiente sich hier ihre Gnadenkohlen, denn im hochwertigen Reisezugdienst setzte die Est Lichtenberg nur noch eine 01er täglich ein.

Aufnahme: Erich Bohne

beschränkte sich aber nicht nur auf den rund 2,5 Kilometer Abschnitt vom Ostkreuz zum Ostbahnhof. Letztlich mussten, und müssen auch noch heute, alle Züge vom oder zum Berliner Ostbahnhof Teile des Außenrings benutzen. Mit einer einzigen Ausnahme – die Strecke von und nach Frankfurt (Oder). Ansonsten lief der Verkehr nach Norden, erinnert sei hier nur an die Schnellzüge zwischen Berlin und Stralsund mit der Baureihe 03^{10}, ab Rummelsburg über das eingleisige Verbindungsgleis am Tierpark zum Biesdorfer Kreuz-Süd, genannt »Vnk«. Die Dresdner Altbau-01er blieben dagegen mit ihren schweren D-Zügen auf der Reise in die Hauptstadt Sachsens noch ein Stück auf der Frankfurter Schiene, um dann am Ostendgestell die Verbindung zum Eichgestell zu befahren. Dort hatten die Züge schließlich den Außenring erreicht. Auch der Weg der Pasewalker Reko-01er führte, jedoch in umgekehrter Richtung, aus dem Norden über das Biesdorfer Kreuz in die Stadt.
Die begrenzten Gleisanlagen des Ostbahnhofs konnten in keinem Fall den gesamten Reisezugverkehr Berlins bewältigen. Einen Großteil des Fernverkehrs übernahm der Bahnhof Berlin-Lichtenberg, der nach seinem Umbau über sechs Fernbahn- und zwei S-Bahngleise verfügte, und in dieser Form heute vor allem dem Regionalverkehr dient. Auch in Berlin-Schöneweide begannen und endeten Fernzüge. Zeitweise wurde für diese Zwecke sogar der Bahnhof Berlin-Baumschulenweg genutzt, obwohl dieser eigentlich nicht dafür konzipiert worden war. Er sollte den Vorortverkehr der ehemaligen Görlitzer Bahn abwickeln. Viele der Reisenden, die auf diesen Bahnhöfen ankamen, waren auf dem Weg in das Zentrum.

Wenn man am Ostkreuz auf dem Ringbahnsteig F stand und das Glück hatte, dass einem nicht im entscheidenden Moment ein S-Bahnzug vor die Linse fuhr, dann konnte man auch solche Fotos schießen. Hier hat am 8. April 1978 die Schöneweider 52 8177 einen Zug am Haken, der im Ostgüterbahnhof be- bzw. entladen wurde. Übrigens ist die 52 8177 noch heute im ehemaligen Bw Berlin-Schöneweide stationiert, doch nun unter der Obhut engagierter Eisenbahnfreunde.
Aufnahme: Erich Bohne

Es gab Ende der Siebzigerjahre Dampflokomotiven des Bw Stralsund, die waren fast täglich in Berlin. Andere hingegen ließen sich nicht so oft in der Hauptstadt der DDR blicken. Zu ihnen gehörte die 03 0085. Aus diesem Grund wurde die PRAKTICA auch bei nicht so optimalem Wetter in Aktion gebracht. In diesem Fall nutzte man das lichtstarke Objektiv »Pentacon 1,8/50«. Am 22. April 1979 nieselte es leicht, als die Dreizylinder-03 mit dem D 270 die Warschauer Brücke passierte.

Aufnahme: Erich Bohne

Eine Besonderheit sei noch erwähnt: Die Schnell- und Eilzüge, die in Berlin-Lichtenberg und Berlin-Schöneweide endeten, konnten von dort aus das Stadtzentrum, also den Ostbahnhof, nie auf direktem Wege erreichen. Die Züge hätten immer wieder bis zum Außenring zurückfahren müssen, um danach die bereits beschriebenen Verbindungen in Richtung Stadtmitte zu befahren. Daran hat sich bis heute nichts geändert. Und angesichts eines immensen Aufwandes, der erforderlich wäre, diese Betriebsführung zu ermöglichen, wird dies auch in Zukunft nicht möglich sein. Im Gegenteil, wenn in einigen Jahren die Nord-Süd-Verbindung vom südlichen Außenring über die Anhalter Bahn zum Potsdamer Platz und dem Zentralbahnhof mit der Weiterführung über Gesundbrunnen zum nördlichen Außenring am Karower Kreuz in Betrieb geht, dann dürfte Schöneweide aus den Fahrplantabellen als Endstation fast völlig verschwunden sein.

Erich Bohne

Der Um- und Neubau des Bahnhofs Lichtenberg war 1979 in vollem Gange. Die beiden Fernbahnsteige wurden wechselseitig rekonstruiert, und zwar so, dass immer mindestens zwei Fernbahngleise zur Betriebsabwicklung zur Verfügung standen. Mit dem S-Bahnsteig war das nicht so einfach möglich. Hier blieb nur die Längsverschiebung in östlicher Richtung unter der Lichtenberger Brücke hindurch. Als Zugang baute die Bahn eine Holzkonstruktion zur Frankfurter Allee. Über diese konnten die Fahrgäste nun zur S-Bahn gelangen. Den Eisenbahnfreunden war die Brücke hoch willkommen: Jetzt ließen sich prima die Fernzüge beobachten und natürlich fotografieren. Am 10. November 1979 rollt gerade die 03 0085 mit dem D 815 aus Stralsund in den Bahnhof Lichtenberg.

Aufnahme: Erich Bohne

Die Bewohner dieser Häuser mussten damals gute Nerven haben: Vor der Tür die stark befahrene Hauptstraße, die nicht nur so heißt, sondern auch heute noch eine wichtige Verbindung zwischen dem Stadtzentrum und Köpenick ist. Hinter den Häusern liegen die Fern- und die S-Bahn, deren Züge auch eine eindrucksvolle Geräuschkulisse erzeugen. Am 10. April 1979 donnert der D 270 »Meridian« mit der 03 0090 vorbei. Gestört oder aufgeregt hat es keinen Anwohner, denn das war vor über 20 Jahren alltäglich.

Aufnahme: Erich Bohne

Beide Züge wollten am 19. Juli 1978 in das Berliner Zentrum. Die S-Bahn, ein Zug der Baureihe 275, kam aus Strausberg und endete erst im Bahnhof Friedrichstraße . Die 01 0503 des Bw Pasewalk hingegen nutzte mit dem D 517 aus Stralsund die Stadtbahn nur bis Berlin Ostbahnhof. Bis dahin waren es vom Ostkreuz, wo dieses Bild entstand, nur noch etwa 2,5 km.
Aufnahme: Erich Bohne

Der Fahrplanwechsel im September 1979 bedeutete auch das Ende für Berliner Schnellzugmaschinen der Baureihe 01. Bevor sich die edlen Renner das Rauchen abgewöhnten, kam die 01 065 sogar noch einmal mit ihrer alten Betriebsnummer zu Sonderzugehren für den Deutschen Modelleisenbahn-Verband der DDR (DMV). Diese Fahrt endete gegen 18:30 Uhr und so blieb noch etwas Zeit, um dieser schönen Maschine ein wenig nachzutrauern.
Aufnahme: Erich Bohne

Nachtaufnahmen bedurften eines verhältnismäßig großen technischen Aufwandes. Aber im Ostbahnhof, der damals noch nicht zum Berliner Hauptbahnhof mutiert war, unterstützte die Hallenbeleuchtung die Fotografen. Das war auch am 11. März 1978 so, als die 01 2065 den D 311 aus Szczecin pünktlich zurück nach Hause gebracht hatte.
Aufnahme: Erich Bohne

Mit gedrosseltem Regler nähert sich der D 1274 »Metropol«, gezogen von der Dresdner 01 2118, am 3. Juli 1977 der Endstation Berlin Ostbahnhof. Die Diesellok der Baureihe 118 befindet sich auf dem Verbindungsgleis zum Bw Rummelsburg. Die im Hintergrund vor den Türmen nach links abzweigenden Gleise führen zum Bahnhof Berlin-Lichtenberg.
Aufnahme: Heinz Krautzschick

Ostbahnhof
B1
Ostbahnhof
B1
B1
03 2128-1

Die 03 2128 des Bw Leipzig Hbf West hat am 2. September 1978 ihren Güterexpresszug (Gex) in Berlin Ostbahnhof abgeliefert und fährt nun zum Restaurieren in die Einsatzstelle Berlin-Lichtenberg. Für die dazu notwendige Lz-Fahrt hängt die vereinfachte Schlussscheibe an der Pufferbohle der 03 2128.
Aufnahme: Heinz Krautzschick

Im Wriezener Güterbahnhof holt sich am 17. September 1978 die 03 0074 den Leerreisezug für den D 514 nach Stralsund ab. Hier »parkte« auch der Arbeitsvorrat für das Reichsbahnausbesserungswerk (Raw) »Franz Stenzer«, welches hinter dem Fotografen an der Warschauer Brücke lag und wo in erster Linie Kühlwagen repariert wurden. Aufnahme: Heinz Krautzschick

Vor dem vormittäglichen Gex aus Leipzig zum Ostbahnhof kam fast der gesamte 03er-Bestand des Bw Leipzig Hbf West nach Berlin. In diesem Fall setzte der Leipziger Lokleiter die 03 2155 ein. Im Hintergrund ist die Modersohn-Brücke zu sehen, die im Jahr 2000 durch einen Neubau ersetzt wurde. Ganz hinten kann man den Turm der Erlöserkirche in Lichtenberg erkennen.
Aufnahme: Heinz Krautzschick

Die 01 2066 hat am 16. Juli 1977 gerade den D 1274 aus Prag zum Ostbahnhof gebracht. Gleich fährt die Maschine zum Restaurieren nach Berlin-Lichtenberg. Die Mietskasernen links im Bildhintergrund sind längst einem Kaufhausneubau gewichen. Bis dorthin, wo damals die Lok stand, reichen heute die für den ICE Verkehr weit nach Westen verlängerten Bahnsteige.

Aufnahme: Heinz Krautzschick

Noch vier Wochen vor Ablösung der Baureihe 01 im schweren Schnellzugdienst bestimmten diese Maschinen auf der Relation Berlin Ostbahnhof – Dresden unangefochten das Geschehen. Am 28. August 1977 sammelte die 01 2066 in Berlin Kräfte für die Abfahrt mit dem D 1275.

Aufnahme: Heinz Krautzschick

»Vnk« – Verbindung nach Kaulsdorf heißt dieses innerstädtische Gleis im Eisenbahnerdeutsch. Dabei konnten zum Zeitpunkt dieser Aufnahmen schon lange keine Züge mehr in diese Richtung fahren. Im Zuge der Verbreiterung der Straßen Alt Biesdorf und Alt Kaulsdorf wurde die darüberführende schmale Eisenbahnbrücke Mitte der Siebzigerjahre abgerissen. Übrig blieb aber das Gleis zum Biesdorfer Kreuz-Süd am Berliner Außenring. Der Dornröschenschlaf der stillgelegten Schienen dauerte jedoch nicht lange. Zwischen dem Tierpark und dem Bahnhof Wuhletal benutzt nun die U-Bahnlinie 5 große Teile dieser Trasse. Am 1. Mai 1978 hat der D 270 »Meridian«, wie immer, Stralsund als Ziel. Aufnahme: Erich Bohne

Es ist geschafft! Am 28. August 1977 hat die Berliner 01 1518 mit dem D 370 aus Dresden ihr Ziel erreicht. Weiter in westlicher Richtung ging es ab hier nur für Transitzüge nach Westberlin bzw. in die Bundesrepublik.

Aufnahme: Heinz Krautzschick

Nur noch eine S-Bahnstation und der D 1274 mit der 01 2066 hat am 6. September 1977 sein Ziel erreicht. Die Gleise rechts vom Kabelkanal führen zum Ostgüterbahnhof und zum Bw Berlin Ostbahnhof.
Aufnahme: Heinz Krautzschick

Mit Volldampf macht sich bei Berlin-Rummelsburg am 1. Oktober 1978 die Stralsunder 03 0019 mit ihrem D 270 »Meridian« auf den Weg nach Saßnitz.

Aufnahme: Heinz Krautzschick

Willkommen und Abschied

Dampflokomotiven vor Schnellzügen

Wer von uns ist nicht schon einmal auf einem Bahnhof herzlich begrüßt worden oder hat Abschied von Freunden, Verwandten oder seinen Lieben genommen? Freude, Abschiedsschmerz, neugierige Erwartung aber auch Einsamkeit bei der Ankunft in einer fremden Stadt – all dies sind Gefühle, die immer wieder viele Menschen überkommen, wenn sie das Tagesgeschehen auf Bahnhöfe verschlägt. Das war schon vor 100 Jahren so und das wird auch immer so bleiben. Es sind die Reisenden, die das Treiben auf den Bahnsteigen bestimmen.

Doch wer in vergangener Zeit genauer hinsah, der konnte – auch heute ist dies noch gelegentlich der Fall – Leute auf dem Bahnsteig entdecken, die etwas ganz anderes im Sinn hatten, als Willkommen zu sagen oder Abschied zu nehmen. Sie interessierte viel mehr das Geschehen um die Züge herum, die ein- und ausfuhren oder zur Abfahrt bereitgestellt wurden. Reisezüge, geführt von einer Dampflok, waren das Ziel aller Aufmerksamkeit! Mit umfangreicher Fotoausrüstung und manchmal auch mit Mikrofon und Kassettenrecorder »bewaffnet« waren die Eisenbahnfreunde am Werk. Im Bahnhof trafen sich die Gleichgesinnten aber nicht nur, um die Schienensaurier im Bild festzuhalten. Die Eisenbahnfans tauschten Neuigkeiten aus, befragten die Lokführer und Heizer nach Fahrzeugumläufen oder sprachen einfach nur über das Hobby. All dies stand aber sofort zurück, wenn der Zug, auf den man die ganze Zeit gewartet hatte, per Lautsprecher oder durch das entsprechende Signalbild angekündigt wurde. Dann gehörte

Mit dem D 567 nach Aue im Schlepp wartet die 03 2126 des Bw Leipzig Hbf West am 11. März 1978 auf das Signal zur Abfahrt. Die 03er bringt den Zug allerdings nur bis Leipzig, dort übernimmt ihn eine E-Lok. Auffällig ist der sehr gute Zustand der 03 2126.

Aufnahme: Heinz Krautzschick

03 2126-5

der Finger an den Auslöser, nachdem man vorher noch einmal die Lichtverhältnisse geprüft hatte.
Und dann kamen sie endlich, die Schnellzüge aus Dresden mit den Altbau-01ern des Bw Altstadt, von der Insel Rügen mit den Stralsunder Dreizylinder-Maschinen der Baureihe 03^{10} oder auch mit den Pasewalker Reko-01ern. Das Bw Leipzig Hbf West setzte noch seine 03er ein, und die Berliner Lokpersonale pflegten ihre Planmaschinen wie ihre Kollegen aus den anderen Bahnbetriebswerken. Die Berliner fuhren mit den im Bw Ostbahnhof stationierten Altbau-01ern, den 03ern und den kohlegefeuerten Reko-01ern vor.
Bahnhofsaufnahmen gehörten zu unserem Hobby, wie das sprichwörtliche Salz in der Suppe. Mit dem Pfeffer vergleichbar war jedoch die Atmosphäre an der Strecke. In der Umgebung von Berlin-Schönefeld lohnte es sich immer wieder, einen Platz an den Gleisen des Berliner Außenringes zu suchen. Zwar bespannten die Eilzüge aus Aschersleben und Oebisfelde sowie die D-Züge aus Halberstadt schon seit der ersten Hälfte der 70er-Jahre Dieselloks, aber es blieben ja noch die Leistungen von und nach Dresden und Leipzig. Sogar Personenzüge kamen noch mit den schwarz-roten Schienengiganten daher. Deren Start oder Ziel war meist Berlin-Schöneweide.
Personenzüge, die bis zu einem im Stadtgebiet Berlins gelegenen Bahnhof geführt wurden, waren meist die Ausnahme. Dazu gehörten die Relation von und nach Halle und teilweise die Leistungen in Richtung Dresden und Frankfurt (Oder). Auch auf der Wriezener Strecke rollten die Dampfloks zu der Zeit, als noch kein elektrischer S-Bahnverkehr nach Marzahn bestand, bis zum Bahnhof Lichtenberg. Sonst begannen oder endeten die Personenzüge fast immer an den Endstationen des S-Bahnnetzes. Oranienburg, Ber-

Nachdem die 03 2155 des Bw Lutherstadt Wittenberg den P 3516 am 16. Juli 1977 zum Bahnhof Berlin-Schöneweide gebracht hat, verlässt diese nun mit ihrem Leerreisezug die Ringbahn, um in die Abstellanlage des Bahnhofs Lichtenberg zu gelangen. Bemerkenswert ist der Packwagen hinter der Lok, der noch aus der Zeit vor dem Zweiten Weltkrieg stammte.
Aufnahme: Heinz Krautzschick

Am 3. Juli 1977 ist die 03 2243 mit ihrem Leerzug für den D 567 auf dem Weg von der Abstellanlage des Bahnhofs Lichtenberg nach Berlin-Schöneweide. Erst dort beginnt die Fahrt des D 567. Gerade passiert der Zug den S-Bahnhof Ostkreuz. Im Hintergrund in der Bildmitte ist das Berliner Bremsenwerk erkennbar, die ehemalige Knorr-Bremse. Heute befindet sich an der gleichen Stelle der Sitz eines bedeutenden Sozialversicherungsträgers.

Aufnahme: Heinz Krautzschick

nau, Strausberg, Erkner, Königs-Wusterhausen und Schönefeld ermöglichten das Umsteigen in die elektrischen Züge der S-Bahn.

Die Reisenden auf der Magdeburger Strecke hatten im Bahnhof Werder die Gelegenheit, in den »Sputnik« umzusteigen. Wer jedoch aus Wittenberge oder Stendal per Personenzug in die Hauptstadt der DDR wollte, hatte schlechte Karten. Hier hieß es bis auf ganz wenige Ausnahmen erst einmal ab Nauen bzw. Wustermark mit einem Triebwagen der Baureihe 171/172 bis zum in der Nähe Falkensees befindlichen Bahnhof Falkenhagen am Berliner Außenring zu fahren, um von dort aus einen zwischen Albrechtshof und Birkenwerder verkehrenden Vorortzug zu benutzen. In Birkenwerder hatten die Fahrgäste dann endlich die Möglichkeit, alle 20 Minuten Kurs auf den Bahnhof Ostkreuz zu nehmen. Alles in allem war es deshalb günstiger, den Eil-

zugzuschlag von 1,50 Mark oder den Schnellzugzuschlag von 3 Mark zu entrichten und dann direkt in einen der Berliner Fernbahnhöfe zu rollen.
Noch 1970 verkehrten zum Beispiel zwischen Rathenow und Wustermark-Rangierbahnhof Züge, die aus preußischen Abteilwagen und einer P 8 und etwas später aus einer Neubau-Dampflok der Baureihe 35^{10} und dreiachsigen Rekowagen bestanden.
Doch bereits zehn Jahre später ging die Ära der Dampf-Reisezüge in und um Berlin zu Ende. Nach und nach hieß es, Abschied zu nehmen. Der Anfang vom Ende begann im Bw Dresden-Altstadt, dann folgten das Bw Leipzig Hbf West und das Bw Lutherstadt Wittenberg. Am 31. Mai 1980 verließ schließlich die Stralsunder 03 0010 als letzte Dampflok mit einem Schnellzug Berlin.

Danach konnten die Eisenbahnfreunde Dampflokomotiven vor Reisezügen nur noch in Ausnahmefällen erleben. Meist dann, wenn die Reichsbahndirektion Berlin und engagierte Mitglieder des DMV-Bezirksvorstandes wieder eine der zahlreichen Sonderfahrten organisiert hatten. Da ging es dann hinaus ins Berliner Umland in das Oderbruch, in die Schorfheide, in die Märkischen Seelandschaft zwischen Rheinsberg und Fürstenberg, nach Bad Saarow und Grunow oder sogar einmal rund um Berlin. Hierbei konnten die zahlreichen Fotofans mit den unterschiedlichsten Maschinen, angefangen von der 35 1097 über die 52 6666, die 74 1230, die 38 1182, die 89 6009, die 38 205 und vielen anderen Traditionsloks der Deutschen Reichsbahn, unvergessliche Stunden erleben.

Erich Bohne

Die 03 2067 des Bw Lutherstadt Wittenberg, noch mit einem alten Kessel ausgerüstet, drückt trotz »gegenläufiger« Rauchfahne im März 1978 die Wagengarnitur aus der Abstellanlage in den Bahnhof Berlin Schöneweide. Die neun zwei- und dreiachsigen Rekowagen bilden den P 3517 nach Halle (Saale).

Aufnahme: Heinz Krautzschick

Zu den Stammleistungen der 03er des Bw Leipzig Hbf West gehörte der D 567 Berlin-Schöneweide – Aue, mit dem die 03 2126 gerade den Bahnhof Schöneweide verließ. Am 27. November 1977 erlangte der D 567 traurige Berühmtheit: Vor diesem Zug explodierte der Kessel der 01 1516. Sie mußte wegen eines Schadens an der Leipziger 03 ganz kurzfristig diese Leistung übernehmen.
Aufnahme: Heinz Krautzschick

Die 03 2176, die zum Zeitpunkt der Aufnahme ebenfalls im Bw Leipzig Hbf West beheimatet war, überquert mit dem Leerreisezug des D 562 am 2. September 1978 die markante Kastenbrücke über die Spree in Berlin-Treptow. Die Stahlkonstruktion musste wegen Baufälligkeit inzwischen einem Neubau weichen.
Aufnahme: Heinz Krautzschick

Die Garnituren vieler Schnellzüge, die in Berlin-Schöneweide begannen, wie hier der D 673 nach Dresden, pausierten in der Abstellanlage des Bahnhofs Berlin-Lichtenberg. Die Zuglokomotiven brachten die Garnituren hier her und holten sie auch wieder ab, wie am 18. September 1977 die 01 2050. Das im Hintergrund rechts gerade noch zu sehende Stellwerk »Okn« war an der Ringbahn für den Abzweig nach Lichtenberg zuständig.
Aufnahme: Heinz Krautzschick

Auf der Brücke am S-Bahnhof Berlin-Friedrichsfelde wartete im Mai 1973 der Fotograf auf die Stralsunder 03 0078. Lok und Zug hatte er zuvor im Bahnhof Berlin-Lichtenberg entdeckt.
Aufnahme: Heinz-Jürgen Goldhorn

Die Stralsunder 03 0077 erklimmt mit dem D 814 am 9. April 1978 die Steigung vom Bahnhof Lichtenberg zum Innenring in Richtung Frankfurter Allee. Der Wasserturm, der lange Zeit das Bild dieser Gegend prägte, wurde kurze Zeit nach dieser Aufnahme abgetragen.
Aufnahme: Heinz Krautzschick

Bis auf wenige Züge war im Jahr 1977 der Bäderverkehr zur Ostsee noch fest in der Hand der ölgefeuerten Schnellzugmaschinen der Baureihe 03^{10} des Bw Stralsund. Hier ist am 4. September 1977 der D 555 mit der 03 0010 bei der Durchfahrt am Container-Bahnhof Frankfurter Allee kurz vor dem Zielbahnhof Berlin-Lichtenberg zu sehen. In der Hektik des Fotografierens ließ es sich nicht immer vermeiden, dass der Lok ein Mast oder Ähnliches aus der Esse »wächst«.
Aufnahme: Heinz Krautzschick

Häufiger Gast in Berlin war die Stralsunder 03 0010, die mit dem D 814 von Lichtenberg kommend inzwischen den Berliner Innenring erreicht hat und nun in den Güterbahnhof Frankfurter Allee einfährt.
Aufnahme: Heinz Krautzschick

Im Mai 1979 war im Bahnhof Berlin-Lichtenberg vom neuen Empfangsgebäude noch nichts zu sehen. Doch der Turmdrehkran stand bereits, und lange konnten sich die Anwohner nicht mehr über einen ungehinderten Blick über das Bahngelände freuen oder ärgern. Je nach dem, wie man es sah. Die Bauarbeiten an den neuen Fernbahnsteigen waren schon weit fortgeschritten. Am 22. Mai 1979 stand die 01 0504 mit dem D 717 in Berlin-Lichtenberg.
Aufnahme: Erich Bohne

Berlin-Prenzlauer Allee: Am 23. Juli 1978 musste der D 814 am letzten Blocksignal vor dem Grenzgebiet zu West-Berlin einige Minuten halten. Aber dann zeigte die Stralsunder 03 0059 ihre Stärke und beschleunigte mit geöffneten Zylinderhähnen ihren Zug in kurzer Zeit. Die Gasometer am rechten Bildrand hatten zu diesem Zeitpunkt längst ausgedient. Wenig später fielen sie dem Schneidbrenner und der Abrissbirne zum Opfer. Aufnahme: Erich Bohne

Die beliebteste 03^{10} der Stralsunder Eisenbahner war zweifellos die 03 0010. Sie präsentierte sich stets im besten Pflegezustand und war der Stolz der Lokpersonale. Die zahlreichen Messingteile, wie Dampfpfeife, Rauchkammer-Zentralverschluss und das Zierband um den Schornstein, brachten der Maschine den Spitznamen »Gold-Broiler« ein. Den Hobbyfotografen gefiel die 03 0010 und sie ließen keine Gelegenheit aus, die Lok auf den Film zu bannen. Einmal kam die 03^{10} über Neustrelitz nach Berlin, dann wieder über Pasewalk. Am Abend des 11. April 1979 war die 03 0010 die Zuglok des D 510, und der fuhr über Pasewalk.

Aufnahme: Erich Bohne

Seit Sommer 1973 beheimatete das Bw Pasewalk ölgefeuerte Reko-01er. Wenn der Eisenbahnfreund davon eine in Berlin oder im Umland ablichten wollte, war der D 717 Stralsund – Berlin – Leipzig eine »sichere Bank«. Im Winterhalbjahr, wie hier am 4. März 1978 in Berlin-Lichtenberg, kamen dabei Nachtaufnahmen zu Stande. Für dic 01 0507 war die Leistung vor diesem Zug in Berlin zu Ende. Zum Ergänzen der Wasservorräte rückte die Maschine in das Bw Lichtenberg ein. Hatte die 01 ihren Durst gestillt, gingen Lokführer und Heizer in die Kantine, um sich für die Rückleistung zu stärken.

Aufnahme: Erich Bohne

Lange Zeit waren die Schnell- und Eilzüge von Berlin nach Szczecin eine Domäne der Berliner Reko- und Altbau-01er. Auch in den Abendstunden des 25. Mai 1979 bricht die 01 1518 mit dem E 314 »Gedania« nach Norden auf. Der Zug hat das Gleisvorfeld des Bahnhofs Lichtenberg verlassen und befindet sich in Friedrichsfelde unmittelbar vor dem Biesdorfer Kreuz.

Aufnahme: Erich Bohne

Der 5. März 1978, ein Sonntag, begann mit Dauerregen. Aber noch fuhren die Berliner Schnellzugmaschinen und das war ein Argument, zumal das Ende der Dampfschnellzüge immer näher rückte. Den D 310 nach Szczecin bespannte an diesem Tag die 01 1518. Obwohl das genietete Lokschild von der Rauchkammer der 01 1518 vermutlich einen »Liebhaber« gefunden hatte – der Aufbau des Stativs lohnte allemal.
Aufnahme: Erich Bohne

Nur noch einige Meter und die wenigen Reisenden, die mit dem P 3516 aus Halle (Saale) nach Berlin gekommen sind, können in Schöneweide aussteigen. Interessanterweise sind die Personenzüge von bzw. nach Halle und die wenigen der Dresdener Schiene fast die einzigen Reisezüge gewesen, die das Berliner Stadtgebiet erreichten. Auf vielen anderen Strecken war für die im Volksmund als »Bummelzüge« bezeichneten Leistungen auf jenen Bahnhöfen Schluss, wo die elektrischen Strecken der Berliner S-Bahn begannen. So endeten diese unter anderem in Königs Wusterhausen, Strausberg, Bernau oder Oranienburg. Dort mussten die Fahrgäste, wenn sie in das Stadtzentrum wollten, in die S-Bahn umsteigen. Die Personenzüge aus Richtung Stendal endeten sogar in Wustermark, von wo aus die Reisenden über den Nordring nach Birkenwerder mussten, jedenfalls die, die nach Berlin wollten.
Aufnahme: Erich Bohne

032243-8

Berlin-Ostkreuz am 11. April 1979, im Hintergrund Bahnsteig F: Welches Ziel die gerade einfahrende S-Bahn hat, dies interessierte den Eisenbahnfreund herzlich wenig, schließlich zogen die dampfbespannten Züge die ganze Aufmerksamkeit auf sich. Aber da es sich um einen Triebzug der Baureihe 275 handelte, könnte das Ziel der S-Bahn sicherlich Bernau oder Oranienburg gewesen sein. Das Ziel des Schnellzugs im Vordergrund hingegen war sonnenklar – Leipzig – , denn der D 563 mit der 03 2155 endete dort.
Aufnahme: Erich Bohne

Noch rollt der Zug, aber die Reisenden haben schon das Gepäck in der Hand. Sie werden am 9. Mai 1979 im Schnellzug D 563 nach Leipzig alle einen Sitzplatz finden. Es gab aber auch Tage, da gab es kaum noch Platz auf den Bahnsteigen in Berlin-Schöneweide. Besonders an Freitagen, wenn viele Studenten, Arbeiter und Angestellte in das Wochenende fuhren, waren die Züge immer »rappelvoll«. Für die 03 2243 und ihr Personal war der D 563 an diesem Tag kein Problem.
Aufnahme: Erich Bohne

Der Winter 1978/79 brachte viel Schnee und sibirische Temperaturen, die teilweise bis Ende Februar 1979 anhielten. Vier Wochen später jedoch war der »Schneewinter« schon wieder Vergangenheit. Nun konnte man diesen Standort zwischen dem Bahnhof Schönefeld und dem Grünauer Kreuz wieder ohne Probleme erreichen. Die warme Frühlingsluft und das weiche Licht fordern einen förmlich auf, die PRAKTICA einzupacken. Am 27. März 1979 prescht die 03 2058 des Bw Leipzig Hbf West mit dem D 660 Leipzig – Berlin-Baumschulenweg heran.
Aufnahme: Erich Bohne

Obwohl als Abgangsbahnhof im Fahrplan Berlin-Schöneweide angegeben war, zeichnete das Bahnbetriebswagenwerk (Bww) Berlin-Lichtenberg für die Bereitstellung verantwortlich. Als Leerzug rollten die Garnituren dann zu ihren Abgangsbahnhöfen. Im Morgenlicht des 27. März 1979 dampfte die 03 2155 mit ihrem Leerzug für den D 713 Berlin-Schöneweide – Leipzig gerade durch Berlin-Baumschulenweg.
Aufnahme: Erich Bohne

Obwohl die Fenster des ersten Wagens alle offen standen – es war unbeschreiblich heiß an diesem Augusttag 1977 – saßen noch keine Reisenden im Zug, der hier gerade die Spreebrücken am Treptower Park überquert. Warum? Ganz einfach: Die 03 2058 hat einen Leerzug von Berlin-Lichtenberg nach Berlin-Schöneweide am Haken. Erst in Berlin-Schöneweide steigen die ersten Fahrgäste zu, denn hier beginnt die Reise des D 567 nach Leipzig Hauptbahnhof. Aufnahme: Erich Bohne

Mit dem Beginn des Sommerfahrplans 1979 verabschiedete sich das Bw Lutherstadt Wittenberg von der Baureihe 03. Damit verabschiedete sich die 03 auch aus Berlin. So war am Abend des 26. Mai 1979, ein Sonnabend, für den P 3618 die Dampflokzeit endgültig vorbei. Grund genug, die Vorschrift, die lediglich das Fotografieren auf dem der Öffentlichkeit zugänglichen Gelände der Deutschen Reichsbahn gestattete, zu verletzen und den Bahndamm am Plänterwald zu entern. Auch das Personal der 03 2155 würdigte seine letzte Dampflokleistung gebührend. Aufnahme: Erich Bohne

Kaum zu glauben, aber so sah es am Sonnabend, den 28. April 1979, in Schöneweide aus. Die Straße schien wie leer gefegt, nicht zu vergleichen mit dem Trubel, der dort zur Feierabendzeit in der Woche herrschte. Auch im Personenzug P 3517 saßen an diesem Tag nur wenige Reisende. Trotzdem – oder vielleicht gerade deshalb – verlässt die 03 2155 des Bw Lutherstadt Wittenberg pünktlich um 16:26 Uhr den Bahnhof. Kaum verstummten die letzten Auspuffschläge, herrscht wieder Ruhe.
Aufnahme: Erich Bohne

Am Abend des 26. Mai 1979 bespannte zum letzten Mal eine Dampflok den D 715. Der Lokleiter des Bw Lutherstadt Wittenberg hatte für diese Leistung die 03 2058 eingeteilt. Der Zug D 715 läuft zwar bis Leipzig, aber für die Lok war in Wittenberg Endstation. Lokführer und Heizer hatten ihre Maschine mit einer entsprechenden Aufschrift für die letzte Fahrt geschmückt. Der Zug machte auf dem Außenring bei Waßmannsdorf schon flotte Fahrt.
Aufnahme: Erich Bohne

Ende der Siebzigerjahre diente der Bahnhof Berlin-Baumschulenweg als Fernbahnhof. Zwar nur für wenige Schnellzüge am Tag, doch dadurch konnte man den »Fernbahnsteig« jederzeit betreten. Dieser Bahnsteig wurde zu Zeiten der Görlitzer Bahn eigentlich zur Abwicklung des Vorortverkehrs genutzt. Am 25. Juli 1978 dient der Bahnsteig jedoch dem Fotografen als Standpunkt zum Einfangen dieses Bildes vom P 3518, der gerade von Halle (Saale) kommend sein Ziel Berlin-Schöneweide erreicht hatte und nun zum Abstellen des Trains nach Lichtenberg fuhr. Der zweiachsige Packwagen aus der Zeit vor dem Zweiten Weltkrieg passte eigentlich gar nicht zum sonst stilreinen Zug aus zwei- und dreiachsigen Reko-Wagen.

Aufnahme: Erich Bohne

Am Abend des 31. Oktober 1978 ist in Berlin-Schöneweide der P 3518 aus Halle (Saale) angekommen. Die zu diesem Zeitpunkt in Lutherstadt Wittenberg beheimatete Schnellzuglok bringt die Zuggarnitur noch bis zu den Lichtenberger Abstellgleisen, um dann danach ins Bw zu fahren. Viel Zeit für Fotos mit der Verschlusszeiteinstellung »B«, also eine Langzeitbelichtung, blieb an der Stelle nicht. Entweder kam eine S-Bahn dazwischen, oder der Zug fuhr ab.

Aufnahme: Erich Bohne

»Betriebsgelände! Zutritt verboten«

Berliner Bahnbetriebswerke und ihre Lokomotiven

Auf viele Eisenbahnfreunde üben Bahnbetriebswerke bis heute eine besondere Anziehungskraft aus, und für einen Modelleisenbahner ist es nahezu Pflicht, auf seiner Anlage ein Bahnbetriebswerk nachzugestalten. Auch wenn die meist beschränkten Platzverhältnisse nur die Nachbildung eines kleineren Bahnbetriebswerks oder eines Lokbahnhofs zulassen. Bahnbetriebswerke zur Dampflokzeit mit ihren Behandlungsanlagen und der von Kohle, Ruß und heißem Öl durchsetzten Luft boten eine einzigartige Atmosphäre und waren daher nicht nur für Modellbahnbetreiber sondern besonders auch für uns Eisenbahnfotografen von großem Interesse. Das Hobby trieb uns immer wieder dazu, mit der Kamera bewaffnet zu versuchen, die geliebten Dampfrösser im typischen Eisenbahnmilieu abzulichten – vor dem Lokschuppen, auf der Drehscheibe, am Wasserkran, mal schräg von links, mal schräg von rechts, dann wieder von vorn oder von hinten. Am liebsten auch noch von unten.

Während es zur Dampflokzeit in westdeutschen Bahnbetriebswerken im Allgemeinen unproblematisch war, dem Fotohobby nachzugehen, für Ostdeutsche nach dem Mauerbau im Regelfall unerreichbar, war das Betreten und Fotografieren in den Dienststellen der Deutschen Reichsbahn streng verboten. Selbstverständlich bildeten dabei auch die Ostberliner Bahnbetriebswerke, die in den Siebzigerjahren

Einträchtig nebeneinander stehen im Mai 1979 die 01 2065 und die 03 0010 (Bw Stralsund) in der Einsatzstelle Berlin-Lichtenberg. Bei der 03^{10} hatte das Personal die Klappen in der Frontschürze geöffnet, sodass man nun einen Blick auf den dritten Zylinder werfen konnte.

Aufnahme: Heinz-Jürgen Goldhorn

03 0010-3

noch verschiedene Dampflokbaureihen wie die 01, 01^{5}, 03, 35^{10}, 52 und 52^{80} beheimateten und als Wendemaschine auch manche andere Baureihe wie die 03^{10}, 44, 50^{35}, 50^{00} und 65^{10} in ihren Mauern beherbergten, keine Ausnahme. Während im einzigen West-Berliner Bahnbetriebswerk Grunewald seit 1966 nur noch Dieselloks zu finden waren, dampfte und qualmte es in den Ost-Berliner Dienststellen Ostbahnhof, Lichtenberg, Schöneweide und Pankow noch in beträchtlichem Maße.

Das strenge Fotografierverbot bei der Deutschen Reichsbahn wurde erst gelockert, nachdem eine »Weisung über Film-, Foto- und Fernsehaufnahmen auf dem Gelände der DR«, die in den Verfügungen und Mitteilungen des Ministeriums für Verkehrswesen vom 11. Dezember 1973 veröffentlicht wurde, in Kraft trat. Sie erstreckte sich jedoch ausdrücklich nur auf das der Öffentlichkeit zugängliche Bahngelände. Das Betriebsgelände, und dazu gehörten die Bahnbetriebswerke, blieb davon ausgenommen. So war den meisten Hobbyfotografen auch nach dieser Verfügung nur ein rascher Blick in die Bahnbetriebswerke im Ostteil der Stadt möglich. In Pankow und Schöneweide zum Beispiel von einer Brücke, die aber als Nachteil mit sich brachte, weithin sichtbar zu sein, in Lichtenberg von einem vorbeiführenden Weg aus, oder bei allen gemeinsam aus vorbeifahrenden S-Bahnzügen.

Doch keine Regel ohne Ausnahme! Während sich viele Ost-Berliner und DDR-Eisenbahnfreunde im Deutschen Modelleisenbahn-Verband organisiert hatten und mit ihren Arbeitsgemeinschaften gelegentlich Fotoexkursionen in solche Bahntriebswerke unternahmen oder sogar in den Genuss offizieller Fotogenehmigungen gelangten, fassten sich West-Berliner und Westdeutsche Hobbyfreunde in Ermangelung dieser Dokumente wiederholt ein Herz. Nach dem Motto »Mut zum Wagnis« schlüpften sie zum Beispiel

Die 44 0566 des Bw Eberswalde hat gerade einen Nahgüterzug nach Berlin-Pankow gebracht. Nun wartet der ölgefeuerte Jumbo im Vorfeld des Bahnbetriebswerkes auf seinen nächsten Einsatz. Die Wasservorräte hat das Personal bereits ergänzt. Bevor die Maschine aber ihren neuen Güterzug übernimmt, muss sie noch auf der Drehscheibe wenden.

Aufnahme: Erich Bohne

Keine Zukunft hatten hingegen diese Altbau-52er und der Steuerwagen, die im Bw Wustermark am 27. Oktober 1979 standen. Beide haben gewiss als Kernschrott ihr Ende gefunden. Die Lokschlosser haben die nummernlose 52er bereits als Ersatzteilspender ausgeschlachtet. Kesselarmaturen und die letzte Kuppelachse fehlen.
Aufnahme: Erich Bohne

Fast schon von Unkraut eingewachsen stand in Wustermark die 35 1097, die im Mai 1978 noch einen DMV-Sonderzug durch das Berliner Umland gezogen hatte. Der Maschine blieb der Weg zum Schneidbrenner erspart: Ende 1981 erwarben Eisenbahnfreunde aus Frankfurt am Main die 35 1097. Heute wird sie in Glauchau gepflegt.
Aufnahme: Erich Bohne

Der 22. Mai 1979 war wieder einmal ein Tag, an dem ich abends das Bw Lichtenberg an der Rückseite, auf einem Weg, der die Buchberger Straße mit dem S-Bahnhof Nöldnerplatz verband, umschlich. Aber siehe da – auf einer Holzbank im Bw, die mit Sicherheit nicht zum ausruhen, sondern als Werkzeugablage gedacht war, saß seelenruhig ein bekannter Hobbyfreund und wartete auf den Einbruch der Dunkelheit. Nachtaufnahmen von den abgestellten Schnellzugloks waren unser gemeinsames Ziel. Zum Glück hatte ich das Stativ dabei, und der Mut, verbotenes Gelände zu betreten, stellte sich auch ein. Die Pasewalker 01 0504 hatte an diesem Abend den D 717 gebracht. Lange blieb unser Treiben unbemerkt, bis wir eine auf der Drehscheibe stehende 52er ins Visier genommen hatten. Nun entdeckte uns der Schuppenheizer, der unsere Aktion auch prompt beendete.

Aufnahme: Erich Bohne

Bw Atmosphäre, die für sich selbst spricht: Im Ringlokschuppen des Bw Wustermark bestimmten 1979 noch Dampflokomotiven das Bild. Die Petroleum-P 8, also eine Diesellokomotive der Baureihe 110, wurde einfach ausgeblendet. Aus heutiger Sicht war das reichlich kurzsichtig gedacht. Denn inzwischen hat auch die Baureihe 110 zum größten Teil den Weg zum Schrottplatz angetreten. Damals standen die 52 7584 und die 52 8075 im Mittelpunkt des Interesses.
Aufnahme: Erich Bohne

Lok und Personal machen Pause: In den frühen Vormittagsstunden des 27. Oktober 1979 waren die 50 0007 und die 50 3678 zu Gast im Bw Wustermark. Die ölgefeuerte Reko-50er des Bw Angermünde musste bald wieder ran an den Zug. Der Meister und sein Gesell der 50[35] aus dem Bw Stendal hingegen konnten sich noch Zeit lassen. Ihr Nahgüterzug verließ erst gegen 13.30 Uhr den großen Rangierbahnhof Wustermark. Aufnahme: Erich Bohne

Eine Schlepptenderlok ohne ihren »Vorratswagen« konnte man nicht alle Tage besichtigen. Deshalb wurde der Fotoapparat natürlich auch bei der 52 8129 in Stellung gebracht. Allerdings machte die Maschine, die noch einen Giesl-Flachejektor besaß, einen ungepflegten Eindruck. Aufnahme: Erich Bohne

Mit ein wenig Abstand betrachtet, beeindruckt die aufwändige Architektur der in der Glanzzeit der deutschen Eisenbahnen entstandenen Hochbauten. Hier ist das Verwaltungs- und Sozialgebäude des Bw Wustermark im Bild, vor dem die 44 0576 aus Eberswalde auf neue Aufgaben wartet. Hinter der Dampflok kündigt sich bereits die Ablösung in Form einer Diesellok der Baureihe 132 an.

Aufnahme: Erich Bohne

Was noch blieb: Im Betriebsdienst fand sich zwar keine Verwendung mehr für die Maschine, aber den Dampf, den diese schwarzen Ungeheuer erzeugten, den konnte man gut verwenden. Und zwar im Winter zur Weichenheizung. Wie hier am 19. Januar 1980 in Berlin-Pankow, als die heutige Museumslok 52 6666 ohne Schilder alle Weichen im Bereich des Bahnhofs Pankow vor dem Einfrieren schützte. Passend zur Situation entstand das Bild von der so genannten Schwarzen Brücke.
Aufnahme: Erich Bohne

Als Mitte Juli 1977 die Wustermarker 52 6920 den »Kopf in den Sand steckte«, half nur das 200-mm-Teleobjektiv. Eingerahmt vom Bw Pankow, einer großen Kleingartenanlage und vom Pankower Güterbahnhof war ein Näherkommen an die Unglücksstelle unmöglich. Als Alternative blieb nur das Foto von der bereits erwähnten Schwarzen Brücke. Zur Bergung der Maschine stand ein Kranzug bereit, den die 52 3747 an die Unglückstelle gebracht hatte. Die beiden Begleiterwagen hinter der Maschine waren damals bereits Museumsstücke. Auch die Wagen des Hilfszuges rechts im Bild wären heute Schmuckstücke bei jeder Museumseisenbahn.
Aufnahme: Erich Bohne

Lastenschlepper

Dampflokomotiven vor Güterzügen und im Rangierdienst

Güterzug-Dampfloks in Aktion zu fotografieren – dieses Vorhaben glich immer dem Katz-und-Maus-Spiel. Für Reisezüge galt das Kursbuch, das sich jeder Eisenbahnfreund mit ein wenig Glück am Fahrkartenschalter kaufen konnte. Und ein wahrer Dampfloksüchtiger markierte darin selbstverständlich alle interessanten Zugläufe mindestens mit Rot. Aber was war mit den Güterzügen, die fuhren angeblich auch nach Fahrplan? Diese lagen sogar in gedruckter Form vor. Nur nicht für uns! Die Buchfahrpläne waren Dienststücke für die Eisenbahner, und damit nicht für jedermann zugänglich.

Zwar gelang es immer wieder jemandem aus der ständig wachsenden Fangemeinde, solch ein Heft mit dem typischen rosafarbenen Umschlag in die Hände zu bekommen. Doch wer einen Buchfahrplan sein eigen nannte, der hütete ihn wie seinen Augapfel. So blieb den meisten Eisenbahnfreunden nichts weiter übrig, als die wichtigsten Daten schnell per Bleistift oder Kugelschreiber auf einen Zettel zu schreiben. Kopierer gab es ja nicht.

Und dann hatte man endlich den Fahrplan für einen Güterzug mit dem Umlauf einer 52er aus dem Bahnbetriebswerk Schöneweide. Nur hielt sich der Güterzug ausgerechnet an dem Tag, an dem man seinen Platz am verzweigten Berliner Schienennetz eingenommen hatte, nicht daran. Entweder er fiel ganz aus, oder der Zug erreichte auf einem anderen Weg sein Ziel. Es gab ja so viele Möglichkeiten für die Fahrdienstleiter, eine Überführung von Güterwagen zum Beispiel von Schöneweide nach Pankow zu organisieren.

Ein 52er-Treffen der besonderen Art gab es im April 1976 in Berlin-Springpfuhl. Während der Fahrdienstleiter die Altbau-Lok 52 4826 mit ihrem Nahgüterzug »in die Ecke genommen« hatte, gab er der Reko-52er, der 52 8101, mit ihrem Kesselwagenzug aus Schwedt (Oder) das Signal »Fahrt Frei«. Mit lauten Auspuffschlägen zog sie ihre Bahn.

Aufnahme: Heinz-Jürgen Goldhorn

Erlebnisreich konnten auch die Stunden sein, die man in Lichtenberg hoch oben auf dem Bahndamm an der Blockstelle »Gab«, Lichtenberg-Gabelung, verbrachte. Weithin sichtbar für die Anwohner der umliegenden Wohnhäuser und für die Eisenbahner auf dem Stellwerk hatte man einen guten Standort gefunden. Alles stimmte: Die Sonne schien vom klaren Himmel und leuchtete das gewählte Motiv perfekt aus. Es hätte ein tolles Foto werden können. Nur befuhr der Zug an genau diesem Tag einen ganz anderen Ast der sich hier verzweigenden Gleise – schade!

Aber irgendwie hat es doch immer geklappt. Sonst wären die folgenden Fotos ja auch nicht entstanden. Eine verlässliche Leistung war der tägliche Nahgüterzug aus Eberswalde, der seinen Bestimmungsort Pankow-Güterbahnhof gegen 11 Uhr erreichte und mit einer ölgefeuerten 44er des Bw Eberswalde daherkam. Die Maschine wurde anschließend im Bw Pankow, das zu diesem Zeitpunkt selbst keine Dampflokomotiven mit Ausnahme von Heizloks mehr beheimatete, restauriert. Nachdem die 44er ihren Durst gelöscht hatte, ging es als Leerfahrt, also Lz, Tender voran zum Rangierbahnhof Wuhlheide. Dort stand bereits die Rückleistung gen Norden bereit.

Der Rangierbahnhof Wuhlheide, der mit der Vollendung des Berliner Außenringes entstanden war, besaß eine große Bedeutung für den Güterverkehr der Hauptstadt. Nach der Teilung der Stadt war der früher bedeutendste, westlich Berlins gelegene Güterbahnhof Wustermark nicht mehr direkt erreichbar. Und so musste die Reichsbahn einen Ersatz schaffen. Deshalb herrschte in Wuhlheide, am östlichen Stadtrand, ständig lebhafter Betrieb. Die Durchgangsgleise des Rangierbahnhofs Wuhlheide passierten zudem noch die Reisezüge von und nach Lichtenberg.

Ein idealer Fotostandort für den Hobbyfreund – sollte man denken! Mitnichten! Wuhlheide grenzte an den Stadtteil

Die wohl mit Abstand meisten Zugkilometer sammelten die ölgefeuerten Reko-50er des Bw Angermünde bei der Beförderung der schweren Kesselwagenzüge. Sie teilten sich diese Dienste mit den Eberswalder Drillingsloks der Baureihe 44. Ständigen Nachschub lieferte rund um die Uhr das Petro-Chemische Kombinat (PCK) Schwedt, auf dessen Werksbahnhof Stendell diese Maschinen quasi zu Hause waren. Am 27. Mai 1979 konnte man einen dieser Züge mit der 50 0035 in Berlin-Karow fotografieren.

Aufnahme: Erich Bohne

Oftmals waren die S-Bahnsteige beliebte Standorte für die Eisenbahnfotografen. Sie hatten den großen Vorteil, dass man nach einem Schnappschuss schnell den Standort wechseln konnte. So eine Möglichkeit bot sich am 4. Mai 1978 in Berlin-Buch, als die 50 0020 des Bw Angermünde mit einem Güterzug vorbei fuhr.

Aufnahme: Erich Bohne

Karlshorst, und da war Vorsicht geboten. In Karlshorst gab es, wie allgemein bekannt, eine Vielzahl militärischer Objekte und Anlagen der sowjetischen Streitkräfte, die bis in unmittelbare Nähe der Bahnanlagen reichten. Deshalb war es besser, diese Gegend zu meiden, oder die Kamera unsichtbar in der Tasche stecken zu lassen.

Gleiches galt auch für den Rangierbahnhof Wustermark – aber aus anderen Gründen. Hier war es der Grenzverkehr nach West-Berlin, der die für Ordnung und Sicherheit zuständigen Organe noch wachsamer machte als sonst üblich. Das in der Nähe des Güterbahnhofs liegende Bahnbetriebswerk mit seinen vielen Altbau- und Reko-52er reizte natürlich, das Geschehen mit der Kamera festzuhalten. Doch der Zugang war nur über die Fußgängerbrücke, die die Gleisanlagen überspannte, möglich, und so war jeder Betriebsfremder schon aus der Ferne zu erkennen. Nur einmal war mir das Fotografieren in diesem Gelände ganz unbeschwert möglich: Das war am 27. Oktober 1979, als der Bezirksvorstand Berlin des Deutschen Modelleisenbahn-Verbandes in den Klubraum des Bahnbetriebswerks zu einem Erfahrungsaustausch eingeladen hatte. Der Beginn der Veranstaltung verzögerte sich jedoch wegen Problemen mit der Heizung. Diese Zeit ließen ich und andere Hobbyfreunde natürlich nicht ungenutzt verstreichen...

Die Wustermarker-52er waren auf dem gesamten Außenring anzutreffen. Anders im Bw Berlin-Schöneweide. Hier hielten sich die Fernleistungen der Güterzugmaschinen in Grenzen. Das Einsatzgebiet der Schöneweider 52er beschränkte sich meist auf die innerstädtischen Güterzuge. Da wurden die Strecken von Schöneweide zum Ostgüterbahnhof, nach Köpenick und Erkner, nach Wendenheide und Wuhlheide sowie nach Pankow oder Kaulsdorf befahren oder alles auch in anderen Kombinationen. Nicht zu vergessen der neue Güterbahnhof Lichtenberg Nord-Ost. Auch vor Bauzügen konnte man in den Siebzigerjahren noch Dampfloks erleben, während der Rangierbetrieb fast ausnahmslos den Diesellokomotiven der Baureihe 106 oblag.

Einen weiteren Schwerpunkt im Güterverkehr in und um Berlin bildeten die Zementganzzüge, die östlich der Hauptstadt im Werkbahnhof der Kalkindustrie Rüdersdorf zusammengestellt wurden und die für die Baustoffindustrie der Stadt bestimmt waren. Zur Herstellung von Beton gehört

aber noch Kies. Der kam in großen Mengen aus den Kiesgruben in den umliegenden Bezirken. Sogar aus dem heutigen Mecklenburg kamen diese Gütertransporte, deren Zuglok dann eine 50^{35} aus Güstrow war.
Eine andere Ausführung der Baureihe 50^{35}, die mit einer Ölhauptfeuerung ausgerüstete Baureihe 50^{00}, schickte mehrmals täglich das Bw Angermünde zu den Berliner Güterbahnhöfen oder über den Außenring bis nach Wustermark. Die Öl-50er hatten viele Kesselwagenzüge aus dem Petrol-Chemischen Kombinat in Schwedt am Haken. Da mussten die Maschinen zeigen, was sie konnten, oft an der Grenze ihrer Leistungsfähigkeit.
Seinerzeit war es noch möglich, an einem Tag allen möglichen Spielarten des Güterverkehrs auf der Schiene zu begegnen – vom Durchgangsgüterzug, dem Güterzugexpress, dem Ganzzug über den Nahgüterzug bis hin zur Überführung zur oder von der Hafenbahn. Heute begegnet uns die geballte Masse der Frachttransporte auf den Autobahnen, deren rechte Spuren schon lange als rollende Lager dienen. Die Rangierbahnhöfe sind in einen Dornröschenschlaf versunken oder umgewidmet worden, und auf den Schienen wird man nach den genannten Zuggattungen bei der Deutschen Bahn lange suchen müssen. Die meisten davon sind ganz und gar verschwunden, wie die Dampfloks, auf die ich einst wartete.
Erich Bohne

Ein Ausflug nach Berlin-Blankenburg lohnte immer wieder. Erst einmal kam man am Güterbahnhof Berlin-Pankow vorbei und konnte dabei schon ´mal schauen, ob sich dort eine Dampflok rumtrieb. Anschließend fuhr die S-Bahn am Bahnbetriebswerk vorrüber. Da gab es immer was zu sehen. Zu guter letzt kam am 11. April 1979 die Schöneweider 52 8048 mit einem Güterzug daher.
Aufnahme: Erich Bohne

Die 52 6666 vom Bw Schöneweide blieb nach ihrem Ausscheiden aus dem aktiven Betriebsdienst der Deutschen Reichsbahn als betriebsfähige Traditionslokomotive erhalten. Sie war in den Achtzigerjahren vor zahlreichen Sonderzügen zu sehen, die der Berliner Bezirksvorstand des Deutschen Modelleisenbahn-Verbandes organisiert hatte. Am 21. Oktober 1978 war an diese Sonderleistungen noch nicht zu denken. Die 52 6666, auch »4 x 6« genannt, stand 1981 noch im harten Plandienst und kam gerade mit einem Güterzug im Bahnhof Frankfurter Allee vor einem Signal zum Stehen.
Aufnahme: Erich Bohne

Im Sommer 1978 wurde schon kräftig im Bahnhof Berlin-Lichtenberg gebaut. Der Ausbau war dringend notwendig, denn die Bahnanlagen genügten nicht mehr den ständig steigenden Anforderungen im Personenverkehr. Gleichzeitig wollte die Reichsbahn dem Bahnhof ein modernes Gesicht geben. Aus diesen Gründen wurden die Gleise mehrmals verschwenkt. Hier passierte am 20. Juni 1978 die 52 1564 des Bw Berlin- Schöneweide gerade eine solche Gleisverschwenkung.
Aufnahme: Erich Bohne

Bis Ende Februar 1979 schrumpften die Schneemassen, die im Januar gefallen waren, schon sehr deutlich. In Berlin-Buch war die weiße Pracht im wahrsten Sinne des Wortes bereits erheblich zusammengesackt. Trotzdem dokumentiert dieses Bild die für den Berliner Raum ungewöhnlichen Schneemengen. Die ölgefeuerte 44 0616 stampft mit ihrem Zug aus Richtung Bernau heran und läuft nun den Pankower Güterbahnhof an. Passend zur Jahreszeit ist die 44er mit einem Schneepflug ausgerüstet – nicht alltäglich bei den schweren Güterzugloks. Zu diesem Zeitpunkt ahnte noch niemand, dass die ölgefeuerten Dampfloks der DR bald ausgedient haben sollten.
Aufnahme: Erich Bohne

Auch heute noch sehen die Bahnanlagen rund um das Berliner Ostkreuz fast genau so aus wie vor über 20 Jahren. Nur die Dampflokomotiven sind längst verschwunden. Auch die einst so zahlreichen Güterzüge sind an dieser Stelle rar geworden. Am 9. Mai 1978 hingegen fuhren am Ostkreuz Dampfloks und Güterzüge rund um die Uhr vorbei. Also wurde die PRAKTICA über den Zaun gehalten und fotografiert. Die 52 1505, eine Altbau-52er mit dem als »Quetschesse« bezeichneten Giesl-Flachejektor, stellte bereits eine kleine Rarität dar.

Aufnahme: Erich Bohne

Während der Bauarbeiten am Bahnhof Berlin-Lichtenberg versetzte die Reichsbahn den S-Bahnsteig eine Zeit lang mittels einer Behelfslösung etwas in östliche Richtung. Am 8. September 1979 waren aber auch noch Teile des alten Bahnsteigs zu sehen, die aber zu dieser Zeit bereits abgerissen wurden. Die auf Hochglanz polierte 50 0032 des Bw Angermünde blieb zum Glück am Bahnsteig stehen. Fotos mit einer Langzeitbelichtung waren nun ohne Probleme möglich.
Aufnahme: Erich Bohne

Geduld und Glück brauchte der Eisenbahnfan, wenn er 1979 in Berlin-Blankenburg eine ölgefeuerte 44er auf dem Weg nach Norden fotografieren wollte. Meist fuhren die Eberswalder Jumbos, die am späten Vormittag einen Nahgüterzug aus Eberswalde nach Berlin-Pankow gebracht hatten, Lz rückwärts zum Rangierbahnhof Wuhlheide, wo sie einen Zug gen Norden übernahmen. Am 27. März 1979 war dann das Motiv im Kasten: Die 44 0592 war mit den vier Flachwagen bestimmt nicht überfordert. Im Hintergrund sind die Neubaublocks von Pankow-Heinersdorf zu sehen.
Aufnahme: Erich Bohne

Noch einmal die Gegend um den Bahnhof Ostkreuz: Standort ist in diesem Fall die Kynaststraße auf der Brücke über die Hauptstraße. In den Morgenstunden des 11. Mai 1979 hat die 52 8139 wieder einmal eine innerstädtische Güterzugleistung zu fahren – von Schöneweide bis nach Pankow.

Aufnahme: Erich Bohne

Im April 1979 war die Glanzzeit der Schnellzugmaschinen der Baureihe 01^5 vorüber. Jetzt kamen Berliner Reko-01er sogar vor Überführungen zwischen dem Ostbahnhof und Berlin-Lichtenberg zum Einsatz. Dass sie bei solchen Touren rund um den Kirchturm ihre Kräfte nicht spielen lassen konnten, versteht sich von selbst. Von der Warschauer Brücke aus war am 26. April 1979 auch noch ein wenig von der Silhouette der Berliner Innenstadt zu sehen, als die 01 1518 gemächlich vorbei rollte.

Aufnahme: Erich Bohne

Statt des erwarteten Güterexpresszuges (Gex) mit einer 03 des Bw Lutherstadt Wittenberg erklang am 22. Februar 1979 in der südlichen Ausfahrt des inzwischen stillgelegten Rangierbahnhofs Berlin-Wuhlheide die Stimme der Schöneweider 52 8100, die sich mit ihrem Güterzug auf den Weg machte. Wenige Minuten nach diesem unerwarteten Vorprogramm folgte die 03.

Aufnahme: Erich Bohne

Die 44 0182 des Bw Eberswalde hat am 21. Oktober 1978 mit ihrem Nahgüterzug aus Eberswalde zwischen Röntgental und Berlin-Buch gerade die Berliner Stadtgrenze überquert. Ziel der Reise ist der Güterbahnhof in Pankow. Die Maschine gibt es heute noch. Als 44 1182 erinnert sie im ehemaligen Bahnbetriebswerk Staßfurt an längst vergangene Eisenbahn-Zeiten.
Aufnahme: Erich Bohne

Nach einem Grenzabkommen durften die West-Berliner endlich ab 1972 als Touristen nach Ost-Berlin und in die DDR einreisen. Als erste Fotostelle wurde nach der Einreise zunächst ein Waldgebiet zwischen Berlin-Rahnsdorf und Wilhelmshagen an der Hauptstrecke zwischen Frankfurt (Oder) und Berlin aufgesucht. Dort entstand diese Aufnahme mit der 52 8022, die sich vor einem Güterzug mühte.

Aufnahme: Heinz-Jürgen Goldhorn

Um die neu entstandenen Industriebetriebe bei Hohenschönhausen-Gartenstadt, darunter auch ein Betonwerk, durch eine bessere Infrastruktur zu erschließen, begann die Deutsche Reichsbahn Mitte der Siebzigerjahre mit dem Bau des neuen Güterbahnhofs Lichtenberg Nord-Ost. Am 21. Juli 1978 war der Güterbahnhof bereits in Betrieb. Völlig unverhofft kam die 52 8074 Tender voran mit einem Hilfszug angefahren, ein Motiv, das sich nicht alle Tage bot.
Aufnahme: Erich Bohne

Für den Transport von Betonplatten für den Wohnungsbau hielt die Deutsche Reichsbahn besondere Flachwagen vor, die in den Siebziger- und Achtzigerjahren überall auf den Berliner Strecken anzutreffen waren. Die riesigen Neubaugebiete in Marzahn und Hellersdorf entstanden ja gerade. Am 28. Februar 1979 laufen in einem Güterzug nach Pankow drei der Flachwagen an der Spitze des Zuges hinter der 52 8100 des Bw Schöneweide. Das Bild entstand in Berlin-Blankenburg, wohin der Zug über den östlichen Außenring rollte.
Aufnahme: Erich Bohne

0 5
K
50 0020-3

Berlin-Blankenburg war Endpunkt verschiedener S-Bahnlinien. Hier fährt gerade ein Zug der Olympia-Baureihe 277 in die »Ecke« und macht am 13. Mai 1980 den Blick frei auf einen aus nördlicher Richtung kommenden Güterzug mit der Angermünder 50 0020.
Aufnahme: Erich Bohne

Täglich wurde seinerzeit in Berlin-Lichtenberg ein Gex zusammengestellt. Er bestand meistens aus schadhaften Reisezugwagen, die zur Aufarbeitung in das Reichsbahnausbesserungswerk (Raw) Delitzsch mussten, und natürlich aus besonders schnell zu befördernden Güterwagen.
Am 22. Juli 1978 passiert die 03 2242 mit einem Gex die Berliner Wuhlheide. Die beiden Reisezugwagen der Gattung Bghw waren für das schon genannte Raw bestimmt.
Aufnahme: Erich Bohne

Mit einem riesigen Rauchpilz, mit dem sich die Lok leider selbst etwas das Sonnenlicht nahm, verlässt am 27. Oktober 1979 die Stendaler 50 3678 mit einem Nahgüterzug nach Rathenow den Rangierbahnhof Wustermark, der einmal einer der größten Rangierbahnhöfe der Deutschen Reichsbahn war. Inzwischen steht er vor der endgültigen Stilllegung. Eigentlich gehörte die Lok zur Einsatzstelle Ketzin, die dem Bw Stendal unterstand. Ein Teil des Zuges wurde bei Bedarf zwischen Neugarten und Ketzin als Überführung gefahren.
Aufnahme: Erich Bohne

Eigentlich sollte eine 03er des Bw Lutherstadt Wittenberg mit dem bereits erwähnten Gex hinter der Kurve beim Rangierbahnhof Wuhlheide auftauchen. Doch die Auspuffgeräusche, die da plötzlich zu hören waren, klangen nicht nach einer Zweizylinder-03. Der Klang, der in der Luft lag, erinnerte mehr an eine Dreizylinder-Lok. Und siehe da, es kam die 44 0182. Eine richtige Überraschung, denn normaler Weise kamen 1978 die Eberswalder 44er über den Rangierbahnhof Wuhlheide in südlicher Richtung nicht hinaus.
Aufnahme: Erich Bohne

Nur noch von Wenigen wahrgenommen, existiert noch heute eine Schienenverbindung vom Ostkreuz zur Werkbahn des Osthafens. Allerdings wird sie heute nur in Ausnahmefällen benutzt. Am 8. April 1978 sind aber noch Reparaturmaßnahmen an dem Verbindungsgleis im Gange und die 52 1201 stellt dafür den benötigten Schotterwagen bereit. Aus Platzgründen steht das Signal für dieses Gleis auf der falschen Seite.
Aufnahme: Erich Bohne

Dass am S-Bahnhof Biesdorf am Bahnübergang Oberfeldstraße ein hervorragendes Schrankenwärterkollektiv arbeitete, war eher nicht der Grund für dieses Bild. Die 52 8139 kam am 28. April 1979 mit ihrem Zug aus Richtung Fredersdorf etwas überraschend. Die Zeit reichte aber noch, um ein paar Meter von den Schranken wegzukommen. Trotzdem war das Motiv noch nicht ganz frei. Andererseits wäre sonst das Schild am Stellwerk nicht mehr auf dem Bild gewesen.
Aufnahme: Erich Bohne

In den Mittagsstunden des 11. Mai 1979 kam es an der Einfahrt zum Güterbahnhof Berlin-Blankenburg zu einem kleinen Dampfloktreffen: Die 52 8086 aus Frankfurt (Oder) ist in Richtung Innenring unterwegs, und die 44 0300 wartet darauf, dass ihre Fahrstraße über das Karower Kreuz zum Außenring frei wird. Auf dieser Route fährt die 44er dann zum Rangierbahnhof Wuhlheide. Die 52er bringt wieder einmal Platten für den Wohnungsbau nach Berlin.

Aufnahme: Erich Bohne

Das Standardobjektiv für die Eisenbahnfotografie war üblicherweise das Normalobjektiv mit einer Brennweite von 50 mm. Wenn dieses zusätzlich noch eine hohe Lichtstärke hatte, konnte auch bei weniger idealen Lichtverhältnissen nichts schiefgehen. Am 27. März 1979 war dann aber ein Teleobjektiv an der Kamera, um den Gex nach Leipzig in der Nähe des Rangierbahnhofs Wuhlheide mal aus einer anderen Perspektive aufzunehmen. Als Zuglok kam diesmal die 03 2058 zum Einsatz.
Aufnahme: Erich Bohne

Letzte Dienste für die 01er des Bw Berlin-Ostbahnhof! Im Morgendunst des 2. April 1978 bespannt die 01 2065 einen Kohlezug für die Einsatzstelle Lichtenberg. Kein würdiger Abschied für eine Schnellzugmaschine.

Aufnahme: Heinz Krautzschick

Am 8. Oktober 1977 bahnt sich die 52 7178 des Bw Berlin-Schöneweide den Weg durch den vom Umbau gekennzeichneten Bahnhof Lichtenberg. Die Altbau- 52er besaß einen Giesl-Flachejektor, der der Maschine eine unverwechselbare Silhouette gab.

Aufnahme: Heinz Krautzschick

Eigentlich war der Fotograf am 18. Mai 1974, einem Sonntag, auf dem Weg zu einer Sonderfahrt des DMV mit der 89 6009. In Berlin-Blankenburg präsentierte sich in der Nähe des Bahnhofs die 52 1498 des Bw Schöneweide im besten Sonnenlicht. Da musste man einfach die Reise unterbrechen und auf den Auslöser drücken.

Aufnahme: Thomas Rieger

Zurück in die Heimat: Mit ihrer Rückleistung nach Leipzig verlässt die 03 2128 am 1. Oktober 1978 den inzwischen stillgelegten Rangierbahnhof Berlin-Wuhlheide.

Aufnahme: Heinz Krautzschick

Mit einem Leerwagenzug macht sich am Wriezener Bahnhof die 52 3796 des Bw Schöneweide auf den Weg in Richtung Berlin- Lichtenberg. Die links liegenden S-Bahngleise trennen den Wriezener Bahnhof und den Ostbahnhof. Zwischen beiden Bahnhöfen besteht keine direkte Gleisverbindung.

Aufnahme: Heinz Krautzschick

01 1514-7

Ende der Siebzigerjahre stand die heutige Museumslok 52 6666 noch im regulären Einsatz. Vom Güterbahnhof Frankfurter Allee kommend war die Lok am 18. September 1977 auf der Ringbahn, dem Innenring, am Bahnhof Ostkreuz unterwegs.
Aufnahme: Heinz Krautzschick

Der Stern sinkt! Mit einem gemalten Nummernschild an der Rauchkammer rangiert am 21. Oktober 1978 die 01 1514 im Bahnhof Berlin-Lichtenberg. Der Mangel an Rangierlokomotiven muss an diesem Tag besonders groß gewesen sein, denn mit ihren zwei Meter hohen Rädern ist die Reko-01 eine denkbar ungeeignete Verschublok.
Aufnahme: Heinz Krautzschick

Auf dem Weg zum Ostgüterbahnhof gelang dieses Bild von der 52 1149 am 3. Juli 1977 kurz vor dem Bahnhof Ostkreuz. Die 52 1149 gehörte zu den generalreparierten 52ern, wie der Mischvorwärmer dokumentiert. Zur Einsparung von Brennstoff rüstete die Reichsbahn Ende der Sechzigerjahre zahlreiche 52er mit einem Giesl-Flachejektor aus, dazu gehörte auch diese Lok.

Aufnahme: Heinz Krautzschick

Im Herbst 1978 hatte die Einsatzstelle Lichtenberg für seine Reko-01er nicht mehr viele planmäßige Leistungen. Als Lückenbüßer kamen deshalb die Schnellzugmaschinen auch vor Güterzügen zum Einsatz. Am 1. Oktober 1978 bespannte die 01 1518 einen Gex, hier am Bahnhof Ostkreuz in Richtung Rummelsburg.

Aufnahme: Heinz Krautzschick

»JWD«
Dampflokomotiven im Berliner Umland

JWD – Janz weit draußen! In diesem Satz ist nicht etwa ein Druckfehler zu finden. Nein, es ist eine typische Berliner Redewendung, die entstand, als der öffentliche Nahverkehr noch in den Kinderschuhen steckte. Zu dieser Zeit war es wirklich ein Abenteuer, am Sonntag mit Kind und Kegel zur Erholung ins Grüne zu fahren. Und wenn die Berliner dann am Ziel ihres Ausflugs waren, wie etwa in Friedrichshagen am Müggelsee, in Lichterfelde, in Tegel oder in Grünau, dann waren sie »janz weit draußen«.

Die Gebiete rings um Berlin, in die uns die Aufnahmen des folgenden Kapitels führen, gehen weit über die Grenzen dessen hinaus, was die Großstädter, die diesen Spruch schufen, damit beschreiben wollten. Für sie, es waren die so genannten einfachen Leute, waren Fahrten mit der Eisenbahn eher die Ausnahme.

Knapp hundert Jahre später war das Bahnfahren zu einer Alltäglichkeit für jeden geworden. Wir Eisenbahnfreunde betrachteten solch eine Unternehmung jedoch auch immer aus einem etwas anderen Blickwinkel. Es konnte ja schließlich sein, dass unser Zug noch von einer Dampflok geführt wurde. Oder man hatte vor Reisebeginn die Route daraufhin untersucht, welche Bahnbetriebswerke im Verlauf der Fahrt zu erwarten waren, und, ganz wichtig, auf welcher Seite sie lagen. Die Plätze dieser Seite der Reisezugwagen galt es zu erobern. Auch so manche »Dienstreise« in eigener Sache wurde mit der Deutschen Reichsbahn abgewickelt, man wollte doch auch mal andere Lokomotiven und Motive vor die Linse bekommen.

So ging es dann hinaus über Eberswalde nach Angermünde durch eine reizvolle Landschaft, die sich durch Buchenwäl-

Die 65 1081 hat mit ihrem Vorortzug aus Wriezen im März 1973 gerade Ahrensfelde erreicht. In wenigen Minuten geht es weiter nach Berlin-Lichtenberg. Die im Hintergrund zu sehenden Bahngebäude existieren noch heute, auf dem Gelände davor ist ein wichtiger Bahnhof der Berliner S-Bahn entstanden.

Aufnahme: Heinz-Jürgen Goldhorn

65 1081-2

der und das seenreiche Endmoränengebiet um Herzsprung und Chorin auszeichnete. Der Eisenbahnknoten Angermünde bot uns Hobbyfreunden einen abwechslungsreichen Tag. Hier liefen die Strecken aus Pasewalk, Szczecin, Eberswalde, Bad Freienwalde und Schwedt zusammen. Und auf allen dampfte es! Meist waren es Güterzüge, deren Fahrpläne vom Bedarf des ganz in der Nähe liegenden Petrol-Chemischen Kombinats in Schwedt (Oder) bestimmt wurden, die mit ölgefeuerten 44ern und 50ern daherkamen. Besonders dicht war der Verkehr auf dem Streckenabschnitt zwischen Angermünde und Wendemark, von wo aus ein Gleis von der Hauptstrecke nach Szczecin zum Werkbahnhof bei Stendell abzweigte.

Reger Dampflokbetrieb herrschte zu Beginn der Siebzigerjahre auch auf der Trasse zwischen Angermünde und Frankfurt (Oder) über Bad Freienwalde, Wriezen und Werbig als Umsteigebahnhöfe. Wriezen, ein kleines Städtchen am Rande des Oderbruchs gelegen, beherbergte zu jener Zeit als Lokeinsatzstelle des Bahnbetriebswerks Frankfurt (Oder) neben den dort stationierten Dieselloks mehrere Exemplare der DR-Neubautenderlok der Baureihe 65^{10}.

Mit ihnen schließt sich unser kleiner, in Berlin begonnener, Kreis. Diese Maschinen kamen wiederum regelmäßig bis nach Berlin-Lichtenberg. Allerdings erst, nachdem sie ihren Personenzug aus den Tiefen des zum Teil unter dem Pegel des Grenzflusses zwischen der DDR und Polen gelegenen Oderbruchs auf die leicht hügligen Höhenzüge des Barnims hochgeschleppt und über Tiefensee und Werneuchen das Stadtgebiet erreicht hatten.

Der außerordentlich starke Grenzverkehr zwischen der DDR und Polen über Frankfurt (Oder) erforderte seinerzeit zwei Abfuhrstrecken in südliche Richtung. Frankfurt war zum einen über Guben mit Cottbus verbunden, zum anderen über eine inzwischen dem Rotstift der Deutschen Bahn zum

Zu Zeiten Otto Lilienthals wird es sicherlich schwerer gewesen sein, von Berlin nach Rhinow zu kommen, als später mit der Brandenburgischen Städtebahn. Der Flugpionier Lilienthal unternahm bei Stölln, einem kleinen Dorf in der Nähe Rhinows, umfangreiche Flugversuche. Der Personenzug P 19233, der am 18. Juni 1978 gerade den Bahnhof Rhinow verlassen hat, bleibt lieber auf dem Boden. Geführt wurde der Zug von einer der zahlreichen Reko-52er des Bw Brandenburg, der 52 8160.

Aufnahme: Erich Bohne

Eine betriebsfähige Dampflokomotive in Privathand – das gab es, wenn auch nur sehr selten, schon zu DDR-Zeiten. Als die DMV-Sonderfahrt mit der 50 3145 am 17. Oktober 1981 nach Müncheberg (Mark) kam, wurde immer wieder von einer Überraschung gesprochen.
Und auf einmal war sie perfekt, die Überraschung: Das Einfahrtsignal aus Richtung Strausberg zeigte »Fahrt frei« und herein rollte mit eigener Kraft die kleine 80 009.
Aufnahme: Erich Bohne

Opfer gefallenen Verbindung über Müllrose, Grunow und dem durch seine Karpfenzucht bekannt gewordenen Peitz. Auf dieser Schiene konnte man sich noch Mitte der Achtzigerjahre an einem täglichen kleinen Dampfloktreffen zweier 52er, eine aus Cottbus und die andere aus der Oderstadt Frankfurt, in Weichensdorf, einem kleinen beschaulichen Dorf in der Nähe der Niederlausitz, erfreuen. Meine Freunde aus dem damaligen West-Berlin bereisten diese Gegend immer wieder bis hinunter nach Bautzen und Löbau.
Mich hingegen zog es oft ins heimatliche Havelland. Zum einen besuchte ich dabei meine Eltern, zum anderen lockten mich die Dampfloks aus der Altmark und aus Brandenburg, die in Rathenow regelmäßig zu Gast waren. Bei diesen Besuchen war auch immer die komplette Fotoausrüstung im Gepäck, und durch mein in Rathenow untergebrachtes SIMSON-Moped war ich in gewissen Grenzen recht flexibel.
Während auf der Hauptstrecke zwischen Stendal und Wustermark um 1970 die letzten Personenzüge mit der Baureihe 38^{10-40} bespannt wurden und nach kurzen Gastspielen von Neubauloks der Baureihe 35^{10} diese Leistungen auf Diesellokomotiven übergingen, konnte man auf der ehemaligen Brandenburgischen Städtebahn noch lange »dampfende« Reisezüge erleben.
Diese Eisenbahn, die die Städte Neustadt (Dosse), Rathenow, Brandenburg, Belzig und früher auch Treuenbrietzen verband, war ursprunglich im Konzept eines großen zweiten Berliner Außenringes verankert. Doch diese Idee konnte

man nie verwirklichen und mit der Zeit wandelten sich die Verkehrsaufgaben. In Premnitz und Döberitz, in denen während des Ersten Weltkrieges Munitionsfabriken entstanden, siedelte sich später eine Kunstseidenproduktion an. In der DDR wurde aus diesem Standort ein Schwerpunkt der Chemiefaserindustrie – das Chemiefaserwerk Premnitz. In den besten Zeiten arbeiteten dort bis zu ca. 6.500 Menschen im Schichtsystem. Einen Großteil des Berufsverkehrs wickelten die Personenzüge der Brandenburgischen Städtebahn ab. Bis in das Jahr 1979 waren darunter immer noch einige, die die Baureihe 52^{80} vom Bahnbetriebswerk Brandenburg sicher ans Ziel brachten. Ein willkommendes Fotomotiv, auch deshalb, weil sie wegen ihrer geringen Höchstgeschwindigkeit von 50 km/h und der fast immer parallel zur Bahn verlaufenden Fernverkehrsstraße 102 leicht mit einem Moped verfolgt werden konnten.

Auf der Hauptbahn nach Wustermark ging das nicht so einfach. Hier galt es, vorher eine Fotostelle festzulegen, und dann einfach abzuwarten. Irgendetwas kam schon vorbei: Entweder eine Maschine der Baureihe 50^{35} aus dem Bahnbetriebswerk Stendal oder der Einsatzstelle Ketzin, eine 41er, ja manchmal sogar eine Reko-50er aus Oebisfelde und nicht zu vergessen die Altbau- und die Reko-52er aus Wustermark – aber diese Maschinen hatten immer Güterzüge am Haken.

Erich Bohne

Nur wenige Monate, vom 21. Dezember 1980 bis zum 28. Oktober 1982, war die 50 3145 im Bw Berlin-Schöneweide zu Hause. Sie passte wohl nicht in die 52er-Hochburg, sodass sie an das Bw Reichenbach weitergereicht wurde. Der Bezirksvorstand Berlin des DMV nutzte aber die Möglichkeit und setzte die für die Rbd Berlin ungewöhnliche Maschine am 17. Oktober 1981 für eine Sonderfahrt durch das Oderland ein. Bei dieser Veranstaltung legten sich die Organisatoren so richtig ins Zeug und boten den Eisenbahnfreunden zahlreiche Motive. Hier ist der Sonderzug zwischen Seefeld und Werneuchen unterwegs.

Aufnahme: Erich Bohne

Am Morgen des 31.Juli 1979 grüßt der Lokführer der 50 3659 freundlich. Er hatte schon von weitem gesehen, dass wieder einmal im Wald in der Nähe der Blockstelle Bamme ein Fotofan lauert. Der Eilzug nach Berlin – mit einer Diesellok der Baureihe 118 des Bw Oebisfelde – hatte die Blockstelle gerade passiert. Nun war genügend Zeit, um den Nahgüterzug nach Wustermark auf die Strecke zu lassen. Die Reko-50er gehörte zur Einsatzstelle Ketzin des Bw Stendal.

Aufnahme: Erich Bohne

Die Brandenburgische Städtebahn überquerte die Hauptstrecke Stendal – Berlin auf einer Blechträgerbrücke in Rathenow. Die 50 3702 der Einsatzstelle Rathenow des Bw Stendal kam mit ihrem Nahgüterzug am 19. Oktober 1979 aus Neustadt (Dosse). Gleich rumpelte sie über die Brücke der Städtebahn.

Aufnahme: Erich Bohne

Noch sind am 4. Februar 1979 die Reste des Schneechaos, das den Verkehr zum Jahreswechsel 1978/79 auf der Schiene fast völlig zum Erliegen brachte, zu sehen. Aber das sollte noch nicht das Ende sein. In der zweiten Februarhälfte kehrten Schnee und Frost zurück. Davon unbeeindruckt donnerte die 41 1185 mit dem Dg 45435 durch Rathenow nach Wustermark. Die heutige Museumslok der Deutschen Bahn AG war eine der letzten Reichsbahn-41er, die mit einem Nietentender der Bauart 2´2´T32 gekuppelt waren.

Aufnahme: Erich Bohne

Eine Verschnaufpause in Weichensdorf: Die 52 8010 und ihr Personal erholen sich im Juli 1982, bevor sie den Güterzug aus Frankfurt (Oder) übernehmen und ihn nach Cottbus bringen. Typisch für diese Leistungen war der aus einem gedeckten Güterwagen der Gattung »Bremen« umgebaute Packwagen der Gattung Pwgs, der hinter der Lok lief. Aufnahme: Heinz-Jürgen Goldhorn

Auch die Oebisfelder Maschinen der Baureihe 41 waren Ende der Siebzigerjahre ständige Gäste in der Reichsbahndirektion Berlin. Der Dg 45435 nach Seddin wurde zwischen Oebisfelde und Wustermark Rangierbahnhof mit solchen Maschinen bespannt. Doch diese sehr fotogene Leistung war mit vielen Unwägbarkeiten verbunden. Einmal fiel der Zug ganz aus, ein anderes Mal setzte das Bw Oebisfelde eine Diesellok ein. Aber am 5. Oktober 1978 passte alles, als die 41 1132 mit lauten Auspuffschlägen den Stadtrand von Rathenow passierte.
Aufnahme: Erich Bohne

Bei einer Tagestour nach Angermünde wurde selbstverständlich auch die nähere Umgebung der kleinen Stadt in Augenschein genommen. Als ein prima Aussichtspunkt für Eisenbahnfotos stellte sich die Brücke der Fernverkehrsstraße 2 nach Schwedt an der Oder heraus. Diese Brücke überquert etwas südlich von Angermünde die Bahnstrecke nach Eberswalde. Und dort war auch die 44 0059 zu Hause, die am 13. April 1980 mit ohrenbetäubenden Auspuffschlägen ihren schweren Güterzug in Schwung brachte.
Aufnahme: Erich Bohne

Eine vierteilige Doppelstockeinheit des Bww Magdeburg und eine Reko-52er aus Brandenburg – aus diesen Fahrzeugen bestand lange Zeit der P 19231. Wegen seines Kurses gen Süden in den späten Vormittagsstunden war dieser Zug immer prima von der Sonne ausgeleuchtet. Das galt für den Herbst noch mehr. Die 52 8181 hatte mit dem Zug am 16. Oktober 1979 nach einem kurzen Zwischenstopp im Haltepunkt Mögelin gerade wieder Fahrt aufgenommen und nahm nun Kurs auf Premnitz.

Aufnahme: Erich Bohne

Eine direkte Verbindung zwischen Berlin und Rathenow stellten Ende der Siebzigerjahre nur drei tägliche Eilzugpaare her. Wer zwischendurch in die Hauptstadt der DDR reisen wollte, musste manchmal den Umweg über Brandenburg nehmen. Dorthin brachte den Fahrgast die Brandenburgische Städtebahn. Am 15. April 1978 verließ der P 19231 den Bahnhof Rathenow. Dieser Personenzug war einer der letzten dampfbespannten Reisezüge zwischen Rathenow und Brandenburg. Die 52 8126 besaß sogar noch eine Quetsch-Esse.
Aufnahme: Erich Bohne

Sozusagen »eine Etage tiefer« als das Bild auf der Seite 158 entstand diese Aufnahme von der 50 3702 am 3. Oktober 1979. Diesmal war die Stendaler Reko-50er mit einem Nahgüterzug nach Wustermark auf der Hauptstrecke Stendal – Berlin unterwegs. Im Hintergrund ist das Überführungsbauwerk der Brandenburgischen Städtebahn bei Rathenow zu sehen. Die Einsatzstelle Rathenow nutzte diese Leistung häufig, um ihre Dampfloks ohne Lz-Fahrten in die Einsatzstelle Ketzin zu überführen. In Ketzin wurden zu dieser Zeit die letzten Dampfloks des Bw Stendal unterhalten.

Aufnahme: Erich Bohne

Schon lange bestimmen Hochgeschwindigkeitszüge das Bild der auf diesem Foto abgebildeten Trasse. Die Hauptstrecke Berlin – Stendal ist heute auf drei Gleise verbreitert und mit Schallschutzwänden versehen. Von der damaligen Besinnlichkeit ist nichts mehr übrig geblieben. Hier rauschen jetzt in kurzen Abständen ICE 1- und ICE 2-Garnituren zwischen Berlin und Hannover, dem Ruhrgebiet bzw. dem Rheinland und Frankfurt am Main entlang. Für Güterzüge bleibt da kein Platz mehr und wenn überhaupt, dann nur in den Nachtstunden. Am 25. Juli 1980 war das alles noch unvorstellbar: Wie immer brachte eine Stendaler Reko-50er den abendlichen Nahgüterzug von Wustermark nach Rathenow – diesmal mit der 50 3671. Typisch für diese Leistungen war der Güterzuggepäckwagen hinter der Lokomotive.

Aufnahme: Erich Bohne

Um die per Bahn versandte Fracht auf die Empfänger zu verteilen, waren Nahgüterzüge gedacht. Große aber auch mitunter ganz kleine Firmen hatten selbstverständlich einen Bahnanschluss. Rangierfahrten zu diesen Anschlüssen übernahmen meistens die Zugloks selbst. Auf Nebenstrecken sowieso. Die mit einem Neubautender der Bauart 2′2′T28 gekuppelte 50 3523 bringt im März 1981 einen Nahgüterzug von Neustadt (Dosse) nach Rathenow und ist hier kurz vor dem Bahnhof Spaatz zu sehen. Hinter der Maschine läuft ein Güterzuggepäckwagen der Gattung Pwgs 56, den die Personale scherzhaft als »Blechbüchse« bezeichneten.

Aufnahme: Erich Bohne

Als letzte Leistung über Stendal hinaus verblieb den 41ern des Bw Oebisfelde Ende der Siebzigerjahre der Durchgangsgüterzug 45435, den die Dampfloks bis Wustermark brachten. Meistens gab es dort für die Maschine aber keinen Zug für die Rückfahrt. Also ging es als Lz zurück. Am 20. Oktober 1979 stand aber ein Kesselwagenzug im Wustermarker Rangierbahnhof, der in Richtung Grenzübergang Oebisfelde gefahren werden musste. Für diese Leistung teilte der Dispatcher die 41 1079 ein. So war es reine Glückssache, als dieses Foto in der Nähe von Rathenow entstand.
Aufnahme: Erich Bohne

Nach solch einem Schnappschuss setzte das Rätseln ein. Hat jetzt alles gestimmt – Belichtungszeit und Blende? Hat der Belichtungsmesser durch den Schnee nicht »geschwindelt«? Schließlich musste der Film auch noch mit dem harten Streiflicht fertig werden. Der Schwarz-Weiß-Film tolerierte Fehlbelichtungen noch in einem gewissen Rahmen, aber das Dia-Material? Am 27. Januar 1980 fielen alle Antworten zur Zufriedenheit des Fotografen aus, als die 50 3529 mit ihrem Güterzug Rathenow-Neufriedrichsdorf passierte.
Aufnahme: Erich Bohne

Das nächste Wasser gibt es erst wieder im Bw Lichtenberg. Doch bis dorthin sind es noch »einige« Kilometer. Aus diesem Grund wiesen die damals gültigen Fahrpläne für den D 517 in Pasewalk, hier am 10. Juni 1978, immer einen etwa zehn Minuten langen Aufenthalt aus. In dieser Zeit ergänzte das Personal den Wasservorrat seiner Maschine, diesmal war die 01 0504 an der Reihe.
Aufnahme: Erich Bohne

Im Bahnhof Neugarten zweigt auch heute noch von der Hauptstrecke Berlin – Wustermark – Rathenow-Stendal eine Nebenbahn nach Ketzin ab. Die Strecke ist ein Rest der ehemaligen Osthavelländischen Kreisbahnen, die in Brandenburg-Silokanalbrücke endete. Am Einfahrsignal von Neugarten fuhr am 19. Mai 1973 die 52 8141 vom Bw Stendal mit ihrem Nahgüterzug in diese kleine Ortschaft an der Havel. Typisch für die Nahgüterzüge auf dieser Strecke war der Packwagen hinter der Lok. Auch die 52er war mit ihrem Druckluftläutewerk der Bauart Knorr für den Einsatz auf Nebenstrecken bestens präpariert.
Aufnahme: Thomas Rieger

In wenigen Minuten erreicht im Mai 1984 die 52 8044 des Bw Falkenberg (Elster) mit ihrem Nahgüterzug den Bahnhof Jüterbog. Die Aufnahme war mit einigen Schwierigkeiten verbunden: Kurze Zeit nach der Aufnahme kam ein Transportpolizist mit seinem Moped und erkundigte sich nach dem Tun des Fotografen.

Aufnahme: Heinz-Jürgen Goldhorn

Auf der Strecke Wustermark – Rathenow – Stendal standen 1973, wie noch Jahre später, die Maschinen der Baureihe 41 im Einsatz. Diese Aufnahme zeigt die 41 1225 des Bw Oebisfelde, die am 19. Mai 1973 in der Nähe des in-zwischen aufgelassenen Bahnhofs Neugarten unterwegs war. Die 41 1225 gehörte zu den letzten Maschinen ihrer Baureihe. Erst 1987 verzichtete die Deutsche Reichsbahn auf ihre Dienste. Heute kann man die Lok im Eisenbahnmuseum Chemnitz-Hilbersdorf bewundern.

Aufnahme: Thomas Rieger

Im Sommer 1973 konnte man noch vielerorts in der DDR Fotos von der Baureihe 35 (bis 1970: 23^{10}) vor Personenzügen machen, so auch im Berliner Umland. Doch der Stern der Maschinen sank bereits. Am 19. Mai 1973 beförderte die 35 1077 des Bw Stendal einen Personenzug in Richtung Heimat. Aber von Neugarten aus, wo dieses Bild entstand, waren es noch einige Kilometer bis Stendal, der »Hauptstadt« der Altmark.
Aufnahme: Thomas Rieger

65 1053-0

Mit einem Vorortzug aus Wriezen legt die 65 1063 im August 1974 in Berlin-Marzahn einen Zwischenstopp ein. Nach nur wenigen Minuten setzt die Maschine ihre Fahrt in Richtung Berlin-Lichtenberg fort. Auf dem Foto sieht man schon die ersten Bauarbeiten für die geplante Verlängerung der S- Bahnlinie nach Ahrensfelde.
Aufnahme: Heinz-Jürgen Goldhorn

Eisenbahnromantik pur: Die 52 8026 befördert im Juli 1977 einen schweren Güterzug von Weichensdorf nach Frankfurt (Oder). Rechts sieht man die für diese Strecke typischen doppelten Telegrafenmasten, die auch heute noch vorhanden sind. Die Reko-52er erfreute sich der besonderen Pflege ihrer Personale: Mit weißer Farbe wurden die Handräder, Griffstangen und Scharniere der Rauchkammer verziert. Derlei Schönheitspflege fanden nicht alle Lokführer und Heizer schick, sie titulierten die mit viel Weiß dekorierten Maschinen als »Zirkuspferde« oder »Picasso-Loks«.
Aufnahme: Heinz-Jürgen Goldhorn

Nach einem kurzem Halt hat die 35 1043 aus dem Bw Stendal am 19. Mai 1973 den Bahnhof Neugarten schnell hinter sich gelassen und beschleunigt nun auf die erlaubten 90 km/h. Zwar durfte die 35er 110 km/h schnell fahren, aber die hinter der Lok laufenden zwei- und dreiachsigen Reko-Wagen waren nur für 90 km/h zugelassen. Mehr wäre auch eine Zumutung für die Fahrgäste gewesen, die den Fahrzeugen aufgrund der in Genickhöhe verlaufenden Griffstangen und der typischen Fahreigenschaften den wenig rühmlichen Spitznamen »Genickschuss-Wagen« gaben.
Aufnahme: Thomas Rieger

Streckenabschnitte, die durch einen Wald führen, sind auf der Brandenburgischen Städtebahn zwischen Rathenow und Brandenburg eher selten. Bei Bohnenland findet man aber ein kleines Wäldchen, und hier bei Döberitz-Gapel. Zwar sind die Züge in den Siebzigerjahren auf der Strecke Brandenburg – Rathenow gut besetzt, aber der P 19231 ist am 14. April 1979 mit einer vierteiligen Doppelstockeinheit und fünf Bghw-Wagen bestimmt etwas zu groß ausgefallen. Wie dem auch sei, für die 52 8179 des Bw Brandenburg ist der Personenzug eine leichte Aufgabe.
Aufnahme: Erich Bohne

Viele Kesselwagenzüge beförderten 1978 noch Dampflokomotiven der Bahnbetriebswerke Angermünde oder Eberswalde von Stendell, dem Güterbahnhof des Petro-Chemischen Kombinates (PCK) Schwedt, über den Berliner Außenring nach Wustermark Rangierbahnhof. Dort hatte die 52 8075 (Bw Wustermark) am 30. August 1978 den hier in Rathenow abgebildeten Ganzzug übernommen. Ziel der Reise war Premnitz. Das schwere Heizöl in den Kesselwagen war für das Heizkraftwerk des Chemiefaserwerks Premnitz bestimmt.

Aufnahme: Erich Bohne

Mehrmals rückte das kleine Dorf Weichensdorf am Rande der Lausitz in den Mittelpunkt des Interesses der Eisenbahnfreunde. An der Strecke von Frankfurt (Oder) nach Cottbus über Grunow gelegen, waren hier 1984 noch Maschinen der Baureihe 52 des Bw Cottbus im Einsatz. Am 18. August 1984 steht die 52 3548 abfahrbereit in Weichensdorf. Die 52 3548 gehörte zu den generalreparierten 52ern, deren Markenzeichen der Altbaukessel mit dem Mischvorwärmer war. Der Schneepflug gab der Maschine ein wuchtiges Aussehen. Typisch für die Nahgüterzüge auf dieser Strecke war der Pwgs hinter der Lok.
Aufnahme: Erich Bohne

50 3681-9

Ketzin war für Eisenbahn-Fotografen immer eine Reise wert: Auch wenn die Nebenstrecke Neugarten – Ketzin im Sommer 1978 längst keinen Personenzugverkehr mehr aufwies, gaben sich im Bereich des Bahnhofs und vor dem Lokschuppen regelmäßig Dampflokomotiven der Baureihen 50^{35} und 52^{80} ein Stelldichein. So auch am 24. Juni 1978, als die beiden Stendaler 50 3519 und 50 3681 vor dem Lokschuppen standen. Während die 50 3519, die einen Neubautender der Bauart 2´2 T28 besaß, ihren Durst löschte, tauschten die Ketziner Eisenbahner Neuigkeiten aus. Zeit dafür gab es reichlich, denn es dauerte, bis der zierliche Wasserkran den Tender gefüllt hatte.
Aufnahme: Thomas Rieger

In Grunow verließ im September 1973 die 52 5524 die Hauptstrecke Frankfurt (Oder) – Cottbus. Ziel des Nahgüterzuges ist Beeskow. Die im Hintergrund zu erkennenden Gleise verlaufen nach Cottbus über Weichensdorf und sind heute stillgelegt. Auf den zahlreichen unbeschrankten Bahnübergängen in Richtung Beeskow musste der Lokführer recht häufig das Läutewerk seiner Maschine benutzen.
Aufnahme: Heinz-Jürgen Goldhorn

Der Bahnhof Berlin-Marzahn wirkte 1973 noch sehr provisorisch und unvollendet, doch er war eine sehr interessante Kulisse für die hier planmäßig haltenden Tenderloks der Baureihe 65^{10}. Die Aufnahme zeigt die 65 1034 des Bw Frankfurt (Oder) am 16. September 1973 vor einem Personenzug von Werneuchen nach Berlin-Lichtenberg. Heute verkehrt auf dieser Strecke die elektrisch betriebene Berliner S-Bahn, und das Umfeld des Bahnhofs wird von Neubauten des gleichnamigen Stadtbezirks beherrscht.
Aufnahme: Thomas Rieger

528082-1
528082-1

Der Bahnhof Weichensdorf an der Strecke Frankfurt (Oder) – Grunow – Cottbus an einem Sommertag im Juni 1977: Die 52 8082 des Bw Frankfurt (Oder) wartet mit ihrem Nahgüterzug auf die Ausfahrt in Richtung Heimat. Die Telegrafenmasten sind heute Geschichte. Aufnahme: Thomas Rieger

Hier sieht man noch einen typischen Vorortzug der Siebzigerjahre: Im April 1974 verließ die 65 1045 Berlin-Marzahn. Das rechts zu sehende, gesperrte Gleis wurde schon für die Verlängerung der S-Bahnlinie nach Ahrensfelde vorbereitet. Auch der Zug ist sehenswert. Er bestand aus vier vierachsigen Reko-Wagen der Gattung Bghw und einem zweiachsigen Packwagen der Einheitsbauart.

Aufnahme: Heinz-Jürgen Goldhorn

Die tadellos gepflegte 52 8026 des Bw Frankfurt (Oder) hat am 6. Juli 1985 einen Nahgüterzug aus Cottbus am Haken. In der Nähe von Müllrose ergeben Zug und Landschaft ein unwiderstehliches Motiv, da musste der Fotograf den Auslöser der Kamera durchdrücken. Die doppelten Telegrafenmasten waren zu diesem Zeitpunkt für diese Eisenbahnstrecke noch völlig normal, der gute Pflegezustand der 52 8026 hingegen nicht. Aufnahme: Thomas Rieger

Am 20. Mai 1978 hat die 03 2117 des Bw Ostbahnhof soeben einen Sonderzug aus Berlin nach Rathenow gebracht. Lok und Personal dürfen sich jetzt ein bissschen ausruhen. Die Fotofans können nun ungestört ihre Aufnahmen machen. Wenige Wochen später übernahm das Bw Güsten die Maschine. Die 03 2117 schrieb Eisenbahngeschichte, denn sie beendete am 12. September 1980 den Planeinsatz ihrer Baureihe.
Aufnahme: Thomas Rieger